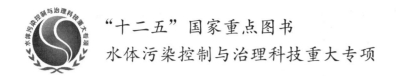

"十二五"国家重点图书

水体污染控制与治理科技重大专项

# 城市排水管道系统安全
# 保障与预警技术

何　强　艾海男　翟　俊　陈朝晖　颜文涛　著

唐建国　主审

中国建筑工业出版社

图书在版编目(CIP)数据

城市排水管道系统安全保障与预警技术／何强等著
. — 北京：中国建筑工业出版社，2021.12
"十二五"国家重点图书水体污染控制与治理科技重
大专项
ISBN 978-7-112-26459-9

Ⅰ．①城… Ⅱ．①何… Ⅲ．①市政工程－排水管道－
安全管理②市政工程－排水管道－预警系统 Ⅳ．
①TU992.23

中国版本图书馆 CIP 数据核字（2021）第 159469 号

　　本书围绕城市排水管道的结构性安全监控与预警、排水管道内有害气体的产生及监控
预警、大管径排水管道的清淤及非开挖修复、城市泄洪排涝节点识别与优化改造以及城市
排水管道系统安全预警地理信息技术等几个方面，梳理了国内外研究进展并反映了笔者多
年研究成果，力求理论研究与实际应用相结合。全书共 6 章，第 1 章全面分析了影响城市
排水管道安全的主要因素及目前研究的现状；第 2 章～第 5 章分别介绍了城市排水管道的
结构性安全监控与预警技术、排水管道内有害气体的产生及监控预警技术、大管径排水管
道的清淤及非开挖修复技术、城市泄洪排涝节点识别与优化改造技术的研发及应用；第 6
章介绍了城市排水管道系统安全预警 GIS 系统的开发及应用。

　　本书可作为相关科研院所、工程设计单位及从事排水管道科研、工程技术的研究人员
和管理人员的参考书，也可作为高等院校给排水工程等、环境科学、环境工程等相关专业
的研究生、本科生的参考书。

责任编辑：石枫华
责任校对：李欣慰

"十二五"国家重点图书
水体污染控制与治理科技重大专项

# 城市排水管道系统安全保障与预警技术

何　强　艾海男　翟　俊　陈朝晖　颜文涛　著
唐建国　主审

*

中国建筑工业出版社出版、发行（北京海淀三里河路 9 号）
各地新华书店、建筑书店经销
北京红光制版公司制版
河北鹏润印刷有限公司印刷

*

开本：787 毫米×1092 毫米　1/16　印张：12¾　字数：291 千字
2022 年 1 月第一版　　2022 年 1 月第一次印刷
定价：**56.00** 元
ISBN 978-7-112-26459-9
（37983）

# 序

　　生态环境是人类赖以生存和发展的物质基础。生态文明是中华民族文化传统的重要组成。近年来生态文明建设已成为我国基本国策。"绿水青山就是金山银山"家喻户晓！

　　生态环境实际上最重要的就是水生态环境。而城市排水系统赋有城市用水与自然水域友好衔接的使命，对维护水资源可持续利用和水环境健康至关重要。

　　在排水系统中管网负有收集、输送雨水、污水的作用，其投资占排水系统总投资的百分之六十到七十，占据极其重要位置。

　　由于管网默默敷于城市道路之下，多年来，遭遇人们的漠视，造成标准极其低下；排水体制混乱，错接、误接非常普遍，实际上成为了双套合流排水系统。合流地区截流干管的截流倍数甚低，降雨就溢流，是水体黑臭的重要原因！

　　管网多年失修，淤积老化严重，丧失排水能力！近年暴雨频发，许多大城市内涝成灾。更暴露了排水管网多年的弊端！究其原因，是缺乏系统理论指导以及规划设计、施工和维护无序之故！

　　20世纪90年代以来，一些科技人员开始瞩目排水系统的研究。但大都是局部技术问题。如检漏技术、管道机器人、GIS技术在管道修复上的应用等。虽然有一定成果，但没有从管网系统运行规律出发，"头疼医头，脚疼医脚，修修补补"解决不了根本问题！

　　何强教授及其团队在国家水专项支持下，对城市排水管网运行的规律性和安全性进行了系统研究。取得了开创性研究成果。本书应用了这些重大成果，系统地梳理了城市排水管网存在问题和隐患；探索了系统运行规律；指出了充分发挥系统能力捍卫城市安全的方向。体现了作者在该领域研究上高屋建瓴之深刻！

　　本书信息量极其丰富，是一部值得阅读和收藏的著作。无论对长期从事城市排水管网系统方面研究与教育的科技工作者，还是对从事城市排水管网系统规划、设计、施工的工程师，以及对从事城市排水管网系统运营维护的管理者，甚至对本专业的本科生或研究生都具有很高的参考价值。

张杰

2019年8月9日

# 前　言

城市排水管道系统主要用于收集和排放区域内降水产生的径流、居民产生的生活废水以及工业生产过程产生的工业废水。按照排放废水类型分，城市排水管道主要分为城市污水管道与城市雨水管道两类。城市排水管道系统是城市的生命线工程之一，其安全可靠性关乎城市的经济社会发展和居民的生活环境质量。

城市排水管道属地下工程，隐蔽性极强，而地下复杂的地质条件与环境条件也给排水管道的安全造成了非常大的隐患。由于排水管道的特殊性，一般容易发生以下几类易造成排水管道破坏或影响其正常运行的事故：一是由于地质条件变化引起的管道结构性破坏；由于排水管道敷设在地下，同时受到多种外力作用，如侧土压力、基础顶托力以及上覆荷载应力等，一旦某一部分作用力出现了变化将导致排水管道受力不均衡而出现错位，甚至断裂等结构性破坏，而在山地城市还存在滑坡、泥石流等直接破坏管道的风险。二是由于污染物质对管道形成腐蚀造成的材料损坏；排水管道特别是污水管道中输送的污水中常含有具有腐蚀性的物质，如酸以及含氯化合物等，这类物质对排水管道具有较强的腐蚀性，并产生累积效应，最终将导致管道的破损。三是排水管道内产生的有害气体与易燃易爆气体带来的潜在危害；排水管道中常常为缺氧或者厌氧环境，这种环境极易使得污水中的碳、氮、硫等元素转化为甲烷、一氧化氮以及硫化氢等有毒有害、易燃易爆的气体，容易导致爆炸及操作人员中毒事故。四是沉积物与杂物过多导致排水管道发生淤积而影响其正常运行；在收集和输送污水或雨水的过程中，由于城市管理的不完善，往往会有一些杂物进入排水管道，最终导致其发生淤积而影响正常运行。五是突发性人为破坏事故；由于排水管道的隐蔽性，在城市开挖等施工过程中经常会发生人为破坏排水管道的安全事故。

近年来，越来越多的国内外学者以及专业技术人员开始针对排水管道系统开展相关研究，也取得了理论与技术上的进展，如：污水管道内的有害气体控制、排水管道的非开挖施工及修复技术、排水管道的探测技术以及排水管道清淤技术等，但这些理论与技术在实际应用中往往还存在一些实用性等问题，并且排水管道的安全问题重在防患于未然。因此，针对我国国情开展排水管道系统的安全保障与预警技术研究已经成为我国生态文明建设亟待解决的问题。

本书是笔者课题组多年来在该领域的研究成果的梳理与总结，注重完整性、系统性及实用性，并力求兼顾理论与实践，紧密结合国内外相关领域的研究进展。除本书作者外，胡学斌教授、毛越一教授、颜文涛教授、卿晓霞教授以及李华飞、胡修稳、黄景华、智悦、潘伟亮等研究生参与了部分研究工作。全书共分为6章，第1章全面分析了排水管道系统安全运行的多个影响因素及目前研究进展；第2章、第3章、第4章、第5章系统地介绍了排水管道结构性破坏与预警、有害气体产生与预警、排水管道清淤技术、排水管道的非开挖修复技术、排水管道泄洪排涝改造等几个方面的理论与技术研究成果；第6章主要介绍了排水管道安全运行与预警监控 GIS 系统的开发与应用。全书由上海市城市建设设计研究总院（集团）有限公司总工程师唐建国教授级高级工程师主审，何强教授审定。研究工作得到了国家水体污染控制与治理科技重大专项三峡项目课题一（2008ZX07315-001）的资助，在此一并感谢。

由于作者水平有限，书中存在疏漏和不妥之处在所难免，恳请专家和广大读者批评指正。

# 目　　录

# 第1章 绪 论

## 1.1 问 题 的 提 出

城市排水管道系统负责收集、输送以及排放城市区域内降雨产生的径流、城市居民产生的生活污水以及工业生产产生的工业废水,按照排放对象来分,排水管道主要分为污水管道与雨水管道两种。排水管道系统属于城市水污染控制与水环境保护的重要组成部分,如果排水管道出现了破损、渗漏甚至断裂,所收集的污水和雨水将重新排入周边环境,进入水体,造成严重的二次污染。

排水管道通常是按照一定的坡度与埋深埋设在地下,属于地下工程,隐蔽性极强。正是由于排水管道埋设于地下,其所处环境条件也非常复杂,包括管道及管道基础所受各种作用力,环境条件的变化如湿度、侵蚀度等。加之排水管道本身所输送的污水中含有多种物质,在输送过程中还会发生众多的物理化学及生物反应过程,产生各种各样的有毒、有害、腐蚀性强的物质。

上述种种情况,导致排水管道的安全运行存在很多的安全隐患,无论其中某一条件发生变化都可能最终造成管道的破坏,进而造成环境的二次污染。近年来,越来越多的学者和技术人员开始关注排水管道方面的研究,也获得了一些很好的成果,但如上所说,保障排水管道的安全运行是一个非常复杂又非常系统的问题,需要从各个方面同时入手,共同发力方能确保其真正的安全,而目前系统开展排水管道系统安全保障理论与技术方面的研究尚且缺乏。

## 1.2 影响城市排水管道系统安全的主要因素及研究现状

根据排水管道所处的环境条件以及发挥的功能,分析影响城市排水管道系统安全的主要因素应包括以下几个方面:

(1)结构性安全因素。排水管道通常埋设在地下,当然也有架空的管道,但不管是埋地还是架空,管道基础是一定要做的。对于埋地管道,除了受到上方覆土的固定土压力之外,还要承受汽车、人流等带来的不确定动态荷载,同时埋地管道还要经受侧方的土压力;而管道的基础也要承受由于地基不同程度的沉降造成的扭矩等。排水管道所受到的各种作用力在正常情况下是平衡的,但如果某一作用力发生改变将会破坏这种平衡,最终导致管道的破坏甚至断裂。

（2）有毒有害气体的产生。排水管道特别是污水管道输送的水样中含有大量含碳、氮、磷、硫等元素的化合物，这些化合物在输送过程中，与附着在管壁上的生物膜或者悬浮在污水中的微生物发生着各种生物化学反应，会产生各种有毒有害气体，如甲烷、硫化氢、氮氧化物等。这些气体有的遇火将发生爆炸事故，有的则具有毒性，溶于水后还会对管道材料产生腐蚀性。

（3）管道淤积。排水管道在收集和输送污水的时候，很多杂质和杂物会通过多种渠道进入到管道中，如一些建筑垃圾、家用垃圾等。这些杂质由于密度较大，在管道中无法随水流进入下一级管道而沉积在管道中，长时间累积后将会形成管道的淤积物从而影响管道的输送能力。

（4）人为破坏。排水管道具有较强的隐蔽性，因此，在城市化建设中经常会由于施工造成对排水管道的人为性破坏，如挖掘造成的管道破坏以及大量增加上部荷载导致的压力性破坏等。这类破坏通常属突发性的，需要及时对其进行应急修复处理。

## 1.3　城市排水管道系统结构性安全研究现状

排水管网系统是城市的生命线工程，与城市经济、居民生活息息相关。然而，强降雨及其引发的地质灾害、洪水荷载等往往威胁城市排水管网系统的正常运营。2007年7月和2009年8月两次强降雨致洪灾使重庆市政基础设施顽疾因雨发作，强降雨下，管道的设计内压承载力面临考验，跨越冲沟的架空管道及滨江管道被洪水淹没并承受洪水冲击荷载，位于滑坡地段的埋地管面临着滑坡冲击的可能。此外，管道耐久性损伤、市政施工、船舶撞击、有害气体爆炸或其他人为因素等也对管网的结构性安全造成威胁。因此，对山地城市排水管网系统的结构性安全的分析与监测维护迫在眉睫。

### 1.3.1　城市降雨致地灾危险性分析与监测

中国香港是世界上最早研究降雨和滑坡关系、实施降雨滑坡气象预报的地区，日本从20世纪70年代就开始研究地质灾害的预警预报，美国地质调查局（USGS）和美国国家气象局（USNWS）1985年建立了滑坡与降水强度和持续时间的临界关系曲线，我国国土资源部与国家气象局于2003年启动了降雨型突发地质灾害的预警预报工作，在区域降雨型滑坡预报预警上取得了明显的社会效益。但上述从降雨量、降雨强度及降雨形式的角度所建立的降雨与滑坡之间的关系模型，由于地质条件和降雨气象条件具有显著的地域性及空间分布不确定性，只适用于所研究区域或相类似地区。

我国香港地区较早采用雷达图像进行小范围地质构造分析以及确定滑坡发生的潜在区域与滑坡区划的研究。我国内地从20世纪80年代开始区域滑坡危险性区划的研究。但目前尚未见较成熟并实用的地质灾害评价预测的GIS系统，也未建立基于GIS的地质灾害实时预警预报系统。

从整体上看，国内开展地质灾害区划与气象预报工作起步较晚，预报精度和准确度亟待提高，而与城市排水管道相适应的降雨致滑坡危险性区划模型及监测预报模型尚未开展。

### 1.3.2 降雨致综合灾害下城市排水管道结构性安全分析与监测

钢筋混凝土箱形梁是目前城市排水干管系统广泛采用的结构形式，城市中排水干管系统根据地形地质条件主要采用隧洞、架空箱涵、埋地架空箱涵和埋地箱涵等形式，常规条件下主要承受结构自重、土体压力、管内静水压力等。强降雨下可能遭受的危险工况包括：强降雨时架空管道内压超载、跨越冲沟洪水荷载的冲击、滑坡造成过大侧向土压力、市政改造使管道周围土压力增大以及滑坡造成地基土流失从而改变埋地管支撑刚度等。即使在正常使用条件下，箱涵也处于弯、剪、扭的复合应力状态下，变形受力十分复杂。

目前，对箱涵力学性能的研究主要采用解析法、数值法和模型试验等三种方法。解析法虽然能给出箱形梁的精确解，能快速判断危险截面及其内力状态，但分析模型通用性差，仅适于简单工况，不宜于工程应用。数值法能够模拟结构加载至破坏的全过程，适于分析各种复杂工况，能分析结构的整体变形和承载性能，还能把握结构局部的应力和应变状态，但分析过程耗时，且占用过大内存。模型试验能定性把握结构的实际承载状况，验证并弥补理论和数值分析之不足。

现阶段，国内外对斜坡地段的城市管道，在干湿循环下的岸坡土体物理力学性质的变化规律、城市管道周围土压力的分布规律及滑坡地段浅埋管道与坡体的相互作用研究仍较欠缺，滑坡作用下管道的力学性能分析尚缺乏合理的荷载模型。

强降雨致山洪对跨越结构的破坏已引起了世界各国的普遍关注。美国、加拿大、英国、法国等相继开展了山洪对公路桥梁破坏问题的研究以及对公路排水系统危害的研究。从 20 世纪 70 年代至今，国内不少学者也对洪水荷载进行了研究，但上述研究多集中于洪水荷载对桥梁的作用，未见关于山地城市排水架空箱涵的洪水效应的研究，因此，城市排水架空箱涵强降雨致洪水作用研究迫切而必要。

欧美等国近十多年来对复杂地形地貌下的长距离输运管道进行了在线监测维护管理系统的研究，涉及在线监测技术、无线传输系统及监测决策管理系统，并具体应用于石油、天然气等重要的输运管道，其中包括对管道耐久性损伤的监测和研究，而这一问题是除滑坡、地震、洪水和其他人为因素之外，困扰城市命脉工程的给水排水管道系统的最大难题。英国伦敦、美国波士顿等还对具有 300 多年历史的老城区在役排水管网系统建立了在线监测维护管理系统，保障了城市排水管道的正常运营。而国内对管道系统的结构性安全评估及监测维护决策系统既未展开研究，更无具体工程应用。

### 1.3.3 经济适用型排水系统现场数据采集及远传装置

由于特殊的地质构造，山体滑坡成为我国西部地区最为广泛的一种次生地质灾害。山体滑坡监测就是通过各种技术手段来监测山体滑坡的发生和发展，及时捕捉滑坡灾害的特征信息，以便能及时采取防灾措施，避免或减轻灾害损失。目前，山体滑坡监测主要为位移监测，其监测技术主要有 GPS 技术、大地精密测量技术、BODER 监测技术、综合自动遥测法（遥感成像技术）等。上述位移监测技术虽然能从不同角度有效反映滑坡发生的动态信息，但存在着或者自动化程度不高，不能实现实时监测；或者实现成本高，实施难度大等问题。

## 1.4　城市排水管道内有害气体的产生与危害研究现状

污水管道，即城市下水道系统，是用于收集和排放城市区域降雨、城市居民产生的生活废水以及工业生产上所产生的工业废水。另一方面，在我国城市污水处理工厂还没有完全普及的情况下，城市高层建筑物及公共厕所都必需设置化粪池，以对粪便进行处理。

随着我国经济的发展，城市容量的不断扩大，城市地下管网、下水道、化粪池、沼气池、垃圾填埋场、污水处理厂等产生的毒害、可燃、易爆气体如隐形定时炸弹随时威胁民众的生命、财产安全，存在着严重的安全隐患。城市地下管网、下水道、化粪池、沼气池、污水处理厂等，由于生活垃圾、淤泥、工业废料等的淤积极易产生毒害、可燃、易爆气体，其中最严重的是甲烷气体，当其浓度达到 5.5% 左右范围时，如遇火源、高温等外部因素便可能发生猛烈爆炸。

加之，地理条件局限和地下管网布局不合理，许多城市下水道、化粪池已成为市民身边的"隐形炸弹"。事实上，此类爆炸在我国各个城市时有发生。

包括城市下水道和化粪池，均为城市基础设施的重要组成部分，其运行状况和功能的好坏，与社会公众的日常生活密切相关，维护管理不当，势必造成严重的安全隐患，威胁着广大群众的生命、财产安全。

目前，国内在污水管道有害性气体安全预警指标及风险评估模型研究层面，有针对性的、系统的理论研究尚未展开。国内多个城市已开展污水管道有毒有害气体在线监测系统的试点，如广州、北京、上海。整个系统能检测出井内有毒有害气体的浓度，并将数据自动传输到计算机监测中心甚至手机上，从而对可能发生爆炸的场所采取及时的防范措施。就重庆市而言，目前已在南岸区等部分地区开始试点，即采用化粪池及污水管道气体安全监控预警系统进行有害气体的监测，通过气体检测、网络系统和中央控制系统，实现有害气体浓度超限报警。

但是，在试点过程中也反映出不少仍需解决的问题，如防水浸性不强，难以在保证气体监测的同时，保证其水密性，同时多种气体并存，如传统的催化式甲烷传感器就有可能发生"中毒"甚至爆炸等现象。在有害性气体检测与预警系统设备方面的研究，目前国外主要针对井下作业环境监测，其硬件设备则多以便携式设备或移动式设备为主，监测系统也主要针对煤矿、化工厂等环境开发，多为集成处理器＋多个采集终端方式，而且尚没有针对性软件系统。虽然有多系列、多种类传感器装置，但针对使用环境均为煤矿、化工厂等，因而多应用于干燥环境，防尘性能佳，不防水。

## 1.5 排水管道内清淤研究现状

目前，国内外众多城市的排水管道都出现了不同程度的淤积问题，对于管道的清淤，目前国内外主要的市政排水管道清淤方法有高压水射流清淤法、绞车清淤法、水冲刷清淤法、通沟机清淤法、清淤球以及拦蓄冲洗门等方法。

### 1.5.1 高压水射流清淤法

高压水射流清淤法清淤装置由一台高压喷射车，一个大型储水罐、机动卷管机、高压水泵及射水喷头等组成，如图1-1所示，是目前国内外广泛应用的一种管道清淤法。工作时由喷射车引擎驱动高压水泵，将储水罐内的水加压后送入射水喷头，靠喷头射水产生的反作用力使喷头和胶管一起向前行进，行进的过程中清洗管道壁。当射水喷头行进到一定距离时，机动卷扬机将软管卷回，卷回的过程中射水喷头继续喷射高速水流，将管道内残余的淤积物冲到下游检查井内，最后由吸泥车将其吸走。这种方法适用于较多口径的排水管道，但由于用水需要干净水，所以成本比较高，为了降低成本，现在的清淤车大多备污水净化装置，以利用排水管道中的污水。

高压水射流

图1-1 高压水射流清淤法

### 1.5.2 绞车清淤法

绞车清淤法，如图1-2所示，是国内各地普遍采用的一种管道清淤方法。其首先是利用竹片穿过需要清淤的排水管段，竹片的一端系上钢丝绳，钢丝绳上系住清通工具的一端。在待清淤管段两端的检查井上各设置一台绞车，当竹片穿过管段后，将钢丝绳系在其中一台绞车上，清通工具的另一端通过钢丝绳系在另一台绞车上，清淤作业时利用两台绞车来回绞动钢丝绳，从

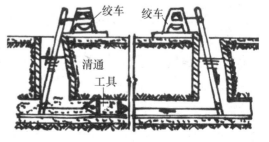

图1-2 绞车清淤法

而带动管道中的清通工具将淤泥刮至下游检查井内，以使管道得到清通。绞车的动力根据现场实际情况而定，可以是机动，也可以是靠人力手动。这种方法适用于各种管径的排水管道，尤其是管道淤积比较严重，用水力清通效果不佳时，采用这种方法效果很好。但其不足之处在于，需要人工下井从一个井口向另一个井口送竹片。排水管道内环境恶劣，会给工人工作带来危害，甚至可能引发安全事故。该方法是一种老式的清淤方法，虽已有一定的历史年限，但在我国目前还是较常用的。

### 1.5.3　水冲刷清淤法

该方法是制作一种能挡水的清淤装置，通过检查井放入待清淤管道内，由于井口尺寸的限制，一般采用将装置的部件分块下放到管道内，然后再进行装配的办法。清淤装置装配好后，将其放到管道某一位置，利用装置将管道中的污水阻挡在装置的上游，当水位达到一定高度后便放水，利用上游蓄水形成的水流来冲走管道内的淤积物。每冲刷一次清淤装置就向下游移动一段距离，并再次进行集水清淤。另外，还有一种与此相似的方法，就是先用一个一端连接钢丝绳并系在绞车上的木桶状橡皮刷或橡皮塞，堵住检查井下游管段的进口，并使检查井上游管段内充满水，当水位升到一定高度后，突然放掉橡皮气塞中的部分空气使气塞缩小，由于水流的推动作用，气塞便往下游移动并在移动的过程中刮走淤泥。气塞移动的同时由于上游水压的作用，水流可以以较大的流速把淤积物从气塞的底部冲走，这样管道底部的淤积物便在气塞和水流的双重作用下被清至下游检查井内，从而使管道得到清通。被清至下游检查井内的淤积物可用吸泥车吸走。适用该方法需注意的是，上游污水不能从其他支管流走，同时还必须保证不使上游的水回流到附近建筑物。否则，虽然在某处管道内用上了气塞，但由于管道系统脉脉相通，一处被堵，上游的污水还可以流向别的管段，这就无法在该管道积水，气塞也就无法向下游移动。

图1-3　国外称之为"pig"的通沟机

### 1.5.4　通沟机清淤法

通沟机清淤法是利用液体或空气的压力将某种刚性密封的清淤器加压，使清淤器在压力的作用下喷射体快速穿过待清淤管道，同时将管道内的淤积物清除，如图1-3所示。由于该方法要求管道壁光滑且规则，同时淤积物不能太多，所以在核能以及工业部门的金属排污管道中应用较多，在市政排水管道中应用相对较少。有一种气动式通沟机，利用压缩空气把清淤器从一个检查井送至另一个检查井，当清淤器到达后，再通过检查井上的绞车拉动系在其后部的钢丝绳，使清淤器上的翼片张开，利用张开的翼片在往回拉动的过程中将管道内的淤积物刮出。还有一种软轴通沟机，由汽车引擎或电机提供动力，并通过一根软轴将动力传送给清淤器，清淤器在软轴的转动作用下一边旋转一边前进，从而将淤积物搅松并刮到检查井中。

### 1.5.5 清淤球

清淤球清淤法是一种预防性的排水管道清淤方法。它是将直径明显小于排水管道直径的清淤球放入到排水管道中，每间隔一定的时间就漂流一次，清淤球在上游检查井中放入，利用排水管道内自身的水流将清淤球推向下游检查井内，并在下游检查井内被回收。清淤球的外形为圆形（图1-4），球体在管道内滚动的过程中球上带冲水孔的薄板与其内的水流共同形成了一个水力减速器，使清淤球在管道中缓慢地滚动，并同时迫使它周围的污水快速局部搅动，从而将淤积物搅起，并利用水流将其冲走。例如，一种常用的清淤球，其外表面安装了"S"形橡胶条，

图1-4 清淤球

橡胶条起到了提高作用于球上水流冲击力的作用，造成了球体周围水流的不对称，从而迫使球体产生附加的旋转和扭动，此外球体又允许管内污水在球体下方流动，增大了管道壁附近的水流剪切力，从而提高了球体的通过性和清淤效果。橡胶条的弹性同时也起到了保护管道的作用。由于这是一种预防性的清淤方法，故管道淤积到一定程度后便不能适用。

### 1.5.6 拦蓄冲洗门

拦蓄冲洗门（HydroGuard Mini）是德国水泰和公司研发的一种有效清除排水管道淤积物的新型设备。该方法就是利用拦蓄门对排水管道内的水流进行拦截，当拦截住的水位达到预设水位高度时，拦蓄门便瞬间打开，拦截的蓄水便形成强劲的席卷流，对下游的管道进行冲洗，由于蓄水高度较高且瞬间打开，故其冲洗强度大，且冲洗距离长，整个工作过程全部为连续自动运行，是一种新型排水管道清淤设备，如图1-5所示。其工作过程分为以下四个步骤：拦蓄、蓄积、冲洗、闲置。该设备利用特殊密封装置使拦蓄门与排水管道严密密封，当蓄积的水位到达一定高度时，拦蓄门便瞬间开启对排水管道进行冲洗，当雨季来临时，拦蓄门可以完全打开处于闲置状态，不影响管道的排水能

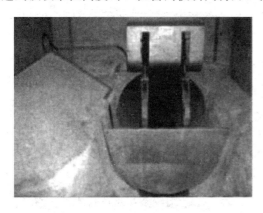

图1-5 拦蓄冲洗门

力。拦蓄冲洗门已在我国北京地铁宋家庄站成功应用。然而，目前该设备在国内外各种排水管道中的应用还较少。

纵观上述国内外排水管道清淤技术和方法，这些方法都有各自的缺点和不足，都不太适用于大管径排水管道的清淤，对于地形复杂的城市则更加困难。高压水射流清淤法在自动化程度和清淤效果上具有一定优势，但由于其设备和运行成本过高，难以广泛推广应

用，并且该法很难在大管径管道中得到应用；绞车清淤法适用的管道管径范围较广，但该法需要人工下井穿管送竹片，井下恶劣的工作环境给工人工作带来极大不便，且危害工人健康，甚至会危害工人的生命安全；水冲刷清淤法要求管道本身必须有一定的污水流量，淤积物不宜过多（20%左右）且不能有像石头、砖块这样的大块障碍物，适用范围受限；通沟机清淤法要求管壁光滑、规则且淤积物不能太多，在城市大管径排水管道中难以得到应用；清淤球清淤法是一种预防性管道清淤法，当排水管道具有一定的淤积程度后该法就无法应用；拦蓄冲洗门在国内外的应用还较少，对于大管径排水管道的实际清淤效果还有待考证。

综上所述，对于小管径管道的清淤，国内外已进行了较多的研究，并开发出了一系列较为成熟的清淤技术和清淤设备且得到广泛应用。而对于大管径排水管道的清淤，国内外相应的研究较少，目前仍缺乏经济适用的清淤技术和清淤设备，其清淤工作仍是一个难题。此外，与小管径管道相比，大管径排水管道清淤所需的设备昂贵，操作费用高，并且在一些情况下清淤工作具有一定危险性，同时也对周围环境造成危害。在发展中国家，由于受到财政水平和技术条件的限制，使得大管径排水管道的清淤工作变得十分困难。因此，本书主要介绍一种大管径排水管道清淤系统。

## 1.6　排水管道的非开挖修复技术研究现状

受技术条件的限制，早期管道的修复都采用开挖修复，其最大问题是影响交通，影响周围建筑物和地下管线的安全，工期长而且修复费用昂贵。于是，国外从 20 世纪 30 年代就开始了非开挖修复技术的研究。1933 年，美国的 Centriline 公司开发了涂覆法修复技术。1940 年就开始采用内插法更新破坏的管道。由于新型塑料 HDPE 管材的应用，内插法在 20 世纪 80 年代有了新的发展，内插法演变为 HDPE 管缩径、U 形折叠等内衬法。1955 年，化学稳定法得到了最初的发展和应用，该法主要是封堵污水管的渗漏。1971 年，英国工程师 Eric Wood 开发了原位固化软管内衬修复技术（Cured-in-Place Pipe-CIPP），以此技术为支撑的 Insituform 公司经过四十年的发展，目前已成为跨国企业集团。爆管法最早是在英国发展起来的，当时 D. J. Ryan 等联合 British Gas 公司，来更换小直径的铸铁天然气主管道，采用的是气动锥形爆管头，通过往返冲击左右，完成管道更换，该方法1981 年在英国申请了专利。

国内管道修复技术在燃气、给水和石油化工等行业已应用较多，而在排水行业尚处在起步阶段，从事排水管道修复的单位较少。目前，国内的修复技术主要从国外引进，采用较多的修复技术有原位固化软管内衬修复技术、HDPE 内衬修复技术、不锈钢管内衬修复技术、涂覆法修复技术。这些管道修复技术中应用于结构性修复的技术有原位固化软管内衬修复技术、HDPE 内衬修复技术、不锈钢管内衬修复技术、爆管法修复技术、螺旋缠绕法修复技术；应用于非结构性的局部修复技术有涂覆法修复技术、管片法修复技术。每种方法都有其应用缺陷，原位固化软管内衬修复技术成本昂贵；HDPE 内衬修复技术、不锈钢管内衬修复技术在管道埋深 7~8m 时，需要开挖长达 20m 的工作坑，施工成本很高；爆管法只适用于管径小于等于 600mm 的管道，且管材需是脆性材料；螺旋缠绕法需要特殊的施工设备，且也需要开挖工作坑；而涂覆法、管片法、化学稳定法、浇筑法却只能适用于非结构性管道修复。

城市排水管道很多处于交通不便的地方，大型施工机具难于到达。山地城市排水管道往往埋深较大，不适合采用开挖工作坑的修复方法，因为随着管道埋深的增加，工作坑的大小有着显著的变化。山地城市缺乏工程上可靠、经济上可行的排水管道快速修复技术，因此迫切需要开发适用于山地城市的新型经济型管道快速修复技术。

## 1.7 雨水管道的排水能力评估与优化设计研究现状

### 1.7.1 城市场次暴雨径流模型

城市暴雨洪水模拟是城市防洪减灾的关键技术之一。欧美发达国家从 20 世纪 60 年代起开始研制满足城市排水、防洪、环境治理等方面要求的城市雨洪模型。城市雨洪模型的发展，主要经历了经验性模型和概念性模型两阶段。

经验性模型所使用的数学方程是基于对输入输出系列的经验分析，而不是基于对水文物理过程的分析。常用于城市雨洪模拟的经验性模型主要有推理公式法、等流时线法及单位线法。19 世纪 90 年代，Kuichling 使用的推理公式法只能计算洪峰流量，不能推算出流量过程线。1950 年芝加哥市工程局提出了早期城市雨水流量过程线计算模型（简称 CHM），到 1975 年，Keifer 和他的助手在此基础上开发出修正 CHM 模型。经验性模型没有基于对研究区域水文物理过程的分析，只能提供输出端的资料，不能满足城市防洪决策的要求。

概念性模型往往具有分布式特征，即分布式概念性模型。其原理是把城市研究区域按集水口划分为各个排水小区，每个排水小区作为一个计算单元，应用分布式概念性模型计算各个集水口的入流过程，然后通过管网或河道汇流演算到研究区域出口。自 20 世纪 70 年代起，分布式概念性模型思想就广泛应用于建模实践，先后出现了 SWMM、Wallingford 等通用性的模型。

美国环保局开发的 SWMM 是动态的降雨径流模拟模型，能对径流水量水质进行单独或者连续模拟。该模型把每个子流域概化成透水地面、有滞蓄库容的不透水地面和无滞蓄库容的不透水地面三部分，利用下渗扣损法（Horton、Green-Ampt）及 SCS 法进行产流计算，坡面汇流采用非线性水库法，管网汇流部分提供了恒定流演算、运动波演算和动力波演算三种方法。这几年来，SWMM 多次应用于解决城市排水及环境整治等方面工程问题并不断得到完善。之后，丹麦水力学研究所研发的 MIKE11 代替 SWMM 模型中的 EXTRAN 模块进行一维非恒定流的模拟，使得 SWMM 模型能够模拟任何时空尺度下的城市雨洪水量和水质问题，能很好地解决城市雨洪的规划、设计及运行管理问题。近年来，将雨洪管理模型与 GIS 平台集成成为新的趋势，可利用 GIS 的数据管理及信息展示功能为 SWMM 模拟提供数据输入并直观表现模拟结果。

1978 年英国 Wallingford 水力学研究所开发的 Wallingford 模型，主要包含降雨径流模块（WASSP）、简单管道演算模块（WALLRUS）、动力波管道演算模块（SPIDA）以及水质模拟模块（MOSQITO）。模型既可以用于暴雨系统、污水系统或者雨污合流系统的规划设计，又可以进行实时运行管理模拟，时间步长可达 15min。该模型将每个子流域概化成铺砌表面、屋顶及透水区三部分，采用修正的推理法进行产流计算。该方法的实质是一个包含传输系数的推理法，传输系数与不透水面积比例、土壤类型、蒸散发总量以及土壤前期湿度密切相关。地表汇流演算主要采取非线性水库法，同时一些简单蓄泄演算法和 SWMM 模型中的降雨径流模块在该模型的地表汇流演算中也是可选的。管网汇流部分由马斯京根法及隐式差分求解完整的浅水方程组成。近年来，Wallingford 模型广泛应用于城市管网水量及水质的模拟，模拟结果表明其具有良好的适用性。

美国工程师协会水文工程中心提出的 STORM 模型是蓄水、处理、溢流、径流模型。能够模拟城市流域的径流和污染负荷，适用于规划阶段对排水流域长期径流过程的模拟。这是一个运用小时时间步长的连续模型，同时也可以用于单一事件模拟，某个流域的径流仅仅是上游子流域径流的累积，不能演算该流域的径流过程线，用小时降雨资料来模拟七个降雨径流组成成分：降雨、径流、旱季流量、污染物累积和冲刷、地表腐蚀、处理率和截流蓄水。STORM 是一个准动态模型，应用修正推理公式法进行水文计算，提供三种径流计算方法：系数方法、土壤综合覆盖法和单位过程线法。该模型有三个主要功能：计算污染负荷和污染浓度；模拟地表腐蚀；辅助设计蓄水和处理设施，但是其参数与观测水文过程线校准很困难，往往不容易收集模拟所需要的大量基础资料。该模型被大量应用在 20 世纪 70 年代和 80 年代初期，曾用于旧金山市主排水系统消除合流系统溢流的设计。总结国外应用最为广泛的两个城市雨洪模型的特性，可以发现城市雨洪模型发展至今呈现以下几方面的特点：许多城市雨洪模型，如 SWMM、Wallingford 模型等，既具备模拟水量又具备模拟水质的能力；大多数城市雨洪模型能应用于城市雨洪模拟的规划和设计阶段，然而很少能用于运行管理阶段，包括 SWMM 大多数模型的建模都是从排水的角度来考虑，缺乏综合性，理想的城市雨洪模型应当考虑城市诸多涉水系统的互动，由于二维坡面流的复杂性，模型在模拟坡面汇流的时候大多采用传统的水文学方法，如线性水库法、非线性水库法等，很少通过求解二维浅水方程的途径来解决问题。经整合后的 MIKE-SWMM 具备模拟二维坡面流的能力，但其精度及稳定性还是不能满足要求。

国内对城市雨洪模型的研制晚于西方国家，但是也出现了很多不错的成果。岑国平于 1990 年提出了国内首个自主开发的城市雨水径流计算模型（SSCM），该模型把城市地面分为不透水地面和透水地面分别进行产流计算，坡面汇流计算采用变动面积时间曲线法，管网汇流验算采用了时间漂移法和简化的扩散波法。周玉文等根据城市雨水径流的特点，把径流分为地表径流和管内汇流两个阶段，建立了可用于设计、模拟和排水管网工况分析的城市雨水径流模型（CSYJM）。该模型采用扣损法进行产流处理，瞬时单位线法进行雨水口入流过程线生成，非线性运动波方法进行管网汇流演算，得到了比较满意的结果。中国水利水电科学研究院与天津气象局等单位合作开发了城市雨洪模拟系统（UFDSM），该模型采用无结构不规则网格以二维非恒定水力模型为基础来模拟城市雨洪过程，模型对天津市暴雨沥涝的模拟结果较为可靠；随后解以扬、邱绍伟等针对特定的研究区域对该模型进行了改进，验证结果表明模型对南京、南昌及上海等城市也具有良好的适用性。徐向阳等提出了包括产流、坡面汇流、管网汇流和河网汇流在内的平原城市雨洪模型，该模型将汇水面积划分为若干个单元区域，每个单元区域由铺砌面积和透水面积两部分组成，每个单元设一个出流口，降落在单元面积上的雨水，产流后通过坡面汇流经出流口汇入管网系统的调蓄节点。管网汇流类似于河网水流计算，根据平原城市的特点选择适当的计算模型，经验证表明成果较为可靠、合理。

对比国内外城市雨洪模型的特点，可以发现两者有以下两点比较明显的差距：从模型的功能上来说，国内研发的模型功能比较单一，仅限于城市排水、防洪等方面，并没有涉及水质部分的内容。而国外很多模型均具备模拟水质的能力，如 SWMM 能模拟 BOD、COD、总磷、总氮等八种污染物在管网内的输移。从模型的通用性方面来说，国内城市雨洪模型的研发仅针对特定研究区域，移植到别的地区需要进行一定的改进，通用程度并不高。而国外的城市雨洪模型已广泛应用于实际规划、设计和管理工作，且有几个比较成熟的模型已开发出商用软件，如 Wallingford 的 infoworks、DHI 的 Mouse 及 Mike-SWMM。另外，国外的城市雨洪模型往往具有较为强大的前后处理功能，数据分析和管理能力强，可视化程度高，方便用户使用。

城市雨洪模拟技术发展至今已形成了较为完善的模型框架，研究者们针对自身研制的模型，将 GIS 作为分析处理工具。因此，RS、GIS 等空间信息技术与多种实用性城市雨洪模型有机集成，形成有较好的人机对话、结果显示、决策支持、预警预报等功能的城市雨洪系统，必将成为城市雨洪模拟技术发展的趋势。从目前的情况来看，由于数据采集技术的局限和差异、模型本身理论和方法上的缺陷，以及计算机模拟能力的限制，发展并推广统一的普适性的暴雨径流模型是有困难的。现在世界上不少的研究单位都在从事组件式模型的开发工作，即构建一个暴雨径流模型，在系统中囊括不同的具有代表性的水文水利模拟方法和方式，并开发出相应的组件，如美国的 MMS、澳大利亚的 CSIRO 水土研究所（Land & Water）的 TIMES。我国的黄河"973"项目中开发的 HIMS 系统也是组件式模型发展的一个趋势。

由于城市地区缺乏一系列水文气象资料，也会影响雨洪模拟精度及应用范围。未来随着数据采集技术的发展，参数化方法的改进以及更为灵活的组件式模拟系统的开发，能够对雨洪模型进行更为精准的验证和检验，为模型的使用者提供更为坚实的技术支撑。

## 1.7.2 暴雨强度公式的修订与应用

国外对城市设计暴雨方面作了大量的研究，诸如 Miller 等制定出了包含各个重现期和历时的雨水轮廓地图，从而确定暴雨设计深度；Chen 等利用三个降雨深度推导出了全美通用的 I-D-F 公式。方法一忽略了实测值的偶然性，脱离了水文现象的母体，没有考虑到降雨现象最主要的母体性质所代表的频率分布特征，这就不可避免地由于直接用样本代替总体样本规律所产生的误差，影响了城市暴雨强度计算模式的质量。

目前，国内外选取的理论频率曲线通常包括三类：以耿贝尔为代表主张采用耿贝尔极值分布曲线；以邓培德教授为代表主张引用负指数分布曲线；以夏宗尧为代表主张沿用前苏联传统的皮尔逊Ⅲ型分布曲线。

在国内，自 20 世纪 50 年代初以来，水利部门多应用耿贝尔极值分布曲线与皮尔逊Ⅲ型分布曲线，50 年代开始将皮尔逊Ⅲ型分布曲线应用于城市暴雨资料统计，70 年代后期将负指数分布曲线应用于城市暴雨资料统计。关于到底采用何种分布曲线，一直处在研究之中。

1983 年周文德教授在第二届城市暴雨排水国际会议上指出："皮尔逊Ⅲ型分布线型包含一个偏态系数的三参数模型。如果可用资料年限不够，则得不到可靠的偏态系数，为获得一个始终一致和比较协调的结果，两参数的数学模型更加切合实际"。

1985 年刘光文教授和詹道江教授在江苏省暴雨公式鉴定会议上指出："频率曲线在水利与城市暴雨中所用区间不一样，城市暴雨的统计历时短，重现期低，皮尔逊Ⅲ型分布在这很小区间不一定最优越，主张使用指数分布曲线"。此后，我国在规范和给水排水设计手册中多引用指数分布线型。因此，大多数城市在城市暴雨强度计算模式的编制中也多引用指数分布线型。事实上，城市暴雨频率分布到底服从何种分布，目前在理论上尚无法证明，不论采用哪种分布线型进行调整，不可避免地会带来假设分布误差。为了减少假设分布误差，一般应将暴雨雨样的选样方法及城市雨量样本的总体分布规律等诸因素结合起来，并进行频率分布线型选择及其参数优化的深入研究，以确定适合本地城市实际情况的频率分布曲线。

《室外排水设计规范》规定在编制暴雨强度公式时，选取 9 个降雨历时的最大降雨量，分别是 5min、10min、15min、20min、30min、45min、60min、90min、120min 的最大降雨量。部分学者对照国外的选样方法，提出增加 150min、180min 两个历时。本次研究发现增加降雨历时完全没有必要，因为暴雨强度公式的主要用途是为雨水排放设施提供设计参考的依据。而在实际的雨水排放系统设计中，是以集流时间代替降雨历时，而集流时间几乎不可能会达到 150min，所以增加暴雨历时没有必要。到底有无增加降雨历时的必要，这需要运用不同地区的降雨数据进一步验证。暴雨强度公式选取样本代表性的好坏，直接决定暴雨强度公式的精度。而选取样本的资料年份长度到底是越长越好，还是应该在一定的年份长度内，以及采用何种标准确定这个年份长度，目前还莫衷一是。需要进一步大量的研究，确定选取暴雨资料样本的最佳年份长度。

目前，极端暴雨强度的频率分布，国内外均采用经典的频率分布模型对其适线，然而从研究中发现，不同的地方其极端暴雨强度频率分布差别很大，因而拟合的精度差异也非常大。因此，需要进一步研究，找到一种与极端暴雨强度频率分布最为接近的分布模型。

近年来运用暴雨强度公式计算雨强，设计雨水排放系统出现了许多问题，有许多问题是公式自身的局限性。因此，科技工作者们需要进一步探索雨水排放系统的设计方法，试图寻找一种更优的方法取代暴雨强度公式。水文研究者们可以从两个方面着手，一方面试图改进暴雨强度公式的方法，另一方面探索取代暴雨强度公式的方法。

### 1.7.3　城市雨洪控制中不透水面积比例最优化

发达国家早在 20 世纪 70 年代就开始对城市雨洪控制利用等问题开展研究，经过数十年研究和工程应用已形成系统的雨洪管理体系，代表性的有美国的最佳管理措施（BMPs）和低影响开发（LID）、英国的可持续排水系统（SUDS）、澳大利亚的水敏感性城市设计（WSUD）、新西兰的低影响城市设计与开发（LIUDD）。例如，美国的 51 个州都有相应的雨洪管理手册或指南。

在城市用地布局方面，美国环境保护署研究表明：当流域内的不透水地表低于 10％时，河流的健康不会受到影响；当不透水地表超过 10％，介于 10％～30％之间时，河流健康开始受到威胁；而当不透水地表大于 30％后，河流的健康状况将会恶化，洪涝灾害升级。

W. D. Shuster1 等模拟不同降雨强度 20、30、40mm/h，可透水面与弱透水面不同面积比例下（0，25％，100％）暴雨径流量与降雨量的响应曲线，研究表明：弱透水下垫面（25％）在降雨初期直接排水时径流系数随雨强变化较快，降雨后期弱透水下垫面直接、间接排水对径流系数的影响可以忽略。

德国汉诺威康斯柏格城区采用多种雨洪控制利用措施，建成后其地下水位得到保持，整个区域的径流为 19mm/a，几乎接近未开发前自然状态的 14mm/a。而若是传统的居民区的径流将高达 165mm/a。

我国城市雨洪控制利用措施的模式多种多样，为保护和恢复开发前场地的水文功能，通常采用的措施有缩小和降低不透水面积、对不透水面积进行分割、保持雨水径流汇集时间等。为此，国内也有不少研究。

车伍等指出：径流削减的主要目标并不是完全不排放，而是尽量减少开发后增加的雨水径流量以维持自然水循环条件；当广泛采用分散式蓄渗措施（如 LID 技术）时，也能对某区域的径流量产生一定的削峰效果。潘国庆等对雨水收集利用存储设施的设计标准进行了研究，结果表明：设施规模增加一倍而雨水收集率仅提高 10％。龚清宇等研究表明，当设计暴雨频率 $P \geq 20\%$ 时，雨洪控制利用规划可保证北京近郊开发后地表径流增量为 0，全部就地滞蓄、再利用。晋存田等对不同雨洪控制利用措施在不同降雨频率下对城市雨洪的利用效果进行了研究，结果表明，铺设透水砖和采用下凹式绿地均可有效削减洪峰流量，减小径流系数，从而增加雨洪资源的利用量。但对于不同降雨频率的地区，下凹式绿地在降雨频率较大的地区，雨洪利用效果较好；透水砖则在降雨频率较小的地区，雨洪利用效果较好。

清华大学专家研究表明，城市绿地花池只要下凹 10cm，对暴雨即可拦蓄 81％以上。陈建刚等研究表明，从雨水收集利用的效率出发，起主要作用的降雨范围在 10～30mm，相对应于北京市日降雨频率为 1 年一遇以下的情况。发生更高频率的降雨时则应主要考虑排水和防洪。丁跃元等从原材料和制作工艺出发对可透水路面砖的配备比进行了研究，结果表明增大可透水路面砖的集灰比，孔隙率和渗透系数相应增大，可更有效地储蓄地表径流。

张璇等研制的高强度透水砖的透水系数可大于 1.0mm/s，抗压强度达到 35MPa，25 次冻融试验强度损失为 5.85%。所铺装的透水地面能够使 50～100mm 的日降雨不积水、不产生径流。

叶水根等对在设计暴雨条件下下凹式绿地的蓄渗、减洪效果进行了分析计算，研究表明：在 1 倍汇水面积的情况下，对于 10、50 和 100 年一遇的暴雨，下凹式绿地的降雨拦蓄率分别为 87.15%、58.48% 和 50.75%；其减峰率分别为 71.04%、46.82% 和 41.52%；蓄渗、减洪效果极为明显。绿地因表土层根系发达，土壤相对较疏松，其对降雨入渗性能较无草皮的裸地大，经测定有草地的土壤稳定入渗率比相同土壤条件的裸地大 15%～20%。另一方面，草地茎棵密布，草叶繁茂，一般在地表有 2cm 深水层时，水不易流失。即使在日降雨量达 100mm、其间小时暴雨量达 30 mm 时，也很少看到平地草地有地表径流出流，足见草地的滞流入渗作用很强。

我国现代城市小区规划规范已有要求，小区绿地面积不应小于 30%，建筑物、道路占地一般为 40%～50%。清华大学喻啸对地面不同硬化绿化比例下降雨产流关系进行了研究，得到：随着绿化比例的降低，入渗百分比变小，产流系数变大。如在全绿地条件下（也就是硬化面积为 0），5% 设计频率下降雨的径流系数为 0.25，而当硬化面积为绿化面积 2 倍时，径流系数则变大为 0.83。由此可见，在这种情况下如没有疏散措施，雨洪的蓄积将很严重。一般结合城市具体情况考虑，建议小区建设有效面积不少于 30% 的绿地，竖向设计中使绿地略低于路面 5～10cm。可有效地滞蓄、消纳雨水，并入渗补充地下水。

由于城市的兴建和发展，大面积的天然植被和土壤被街道、工厂、住宅等建筑物代替，使下垫面不透水面积增加，下垫面的滞水性、渗透性、热力状况发生了变化。城市降雨后，截留、填洼、下渗、蒸发量减少，产生的地面径流量却增大，使城市洪水的发生频率大大增加。城市雨洪控制利用中不透水性下垫面面积比例的影响也日趋明显，而现代城市发展过程中，人们盲目地扩张城市范围，相关的法律、规范条文也相对较少，导致"暴雨淹城"现象时有发生，严重威胁着人们的生命和财产安全。

目前，雨洪利用形式多种多样，如屋面雨水收集回用、中水回用和调控排放等，这些措施虽已经大面积推广，但工程中对雨水收集利用的效率和作用机制并没有作较深入的研究，雨水利用工程的建设具有一定的盲目性。

我国在《建筑与小区雨水利用工程技术规范》GB 50400—2006 中要求渗透设施的日渗透能力不宜小于其汇水面上重现期为 2 年的雨水设计总量，其中入渗池、井的日入渗能力，不宜小于汇水面上的日雨水设计径流总量的 1/3。对此，一些发达国家有不同的要求，如美国的《绿色建筑评价标准》（LEED）规定：如果现有的不透水面积比例不大于 50%，开发后一年或两年一遇的 24h 设计降雨径流总量和径流峰值不超过开发前产生的径流总量和径流峰值。如果现有的不透水面积比例大于 50%，则应减少开发后重现期为 2 年一遇的 24h 设计降雨径流量的 25%。显然，我国标准和 LEED 评价标准对城市径流削减的要求是有区别的，那么在城市建设开发过程中，可透水与弱透水下垫面面积比例达到何种标准才是有效延缓洪峰流量的发生，削减洪峰流量的最佳模式，值得进一步地分析研究。

### 1.7.4 山地城市绿地系统对雨水径流的调蓄和削减作用的控制

近二三十年来，发达国家在城市雨洪控制利用领域有了巨大发展，产生了很多新的理论、方法和技术，也改变了传统的城市雨水系统的很多设计理念和方法。美国水土保持局提出的降雨径流计算方法（SCS），是当前广泛应用于小流域降雨径流关系的一种方法。它是根据土壤和降雨因素来确定径流总量。土壤因素主要由土壤的下渗特性、土壤的前期含水量和土地利用方式等三种因子确定。

罗伟祥等通过野外径流场实验观测，并通过多项回归分析，得出草地降雨量（$P$）、雨强（$i$）、径流量（$Q$）、冲刷量（$W$）、覆盖度（$C$）和雨前土壤含水量等的关系。郑度、何春阳等研究表明，草被拦截的降雨量和其覆盖度成正比，草被的拦截有效地降低了雨滴对地面的打击力，减少了溅蚀量；草被下面的干枯茎叶具有很强的涵蓄水分的能力。

水建国等在红壤坡地上，对水土流失作了 14 年的定位观察，结果表明水土流失与土壤坡度和植被覆盖度密切相关。连奇等进行的土地利用/土地覆被变化的角度对水土流失的影响研究表明，植被覆盖具有明显减少地面径流的作用。

张升堂等进行的黄土高原沟壑区水土保持综合治理所产生的降雨径流影响的分析研究表明，前期降雨对降雨径流影响显著。张美华等采用 SCS 模型对密云石匣小区的降雨径流进行研究。黄志霖等为了确定不同坡度、土地利用类型及降水参数对水土流失的影响，通过黄土丘陵区坡耕地、草地的 3 个坡度，小区连续 14 年的径流、侵蚀观测数据分析不同坡度、土地利用模式和降水变化的水土流失分析，得出坡耕地水土流失量随坡度的升高而增加，20°小区显著大于 10°和 15°小区；草坡地小区的年水土流失量也随坡度变化，不同坡度小区之间没有显著差异的结论。

刘士余等认为植被对径流的影响是一个客观存在的实际问题，主要表现在阻滞地表径流、延长入渗时间、影响水量的再分配等。王占礼等在陕北安塞黄绵土条件下，采用人工模拟降雨试验的方法，系统研究了不同雨强、坡度、坡长等条件下坡面的降雨产流过程。高鹏等采用人工模拟降雨和自然降雨径流小区观测试验，对丘陵半干旱小流域入渗和产流特征进行了定量研究，为该区雨水利用工程设计与布置及其综合效果研究提供科学依据。武晟等以绿地为下垫面，分析了覆盖度等因素对径流系数的影响。认为覆盖度与径流系数成明显的非线性关系，并提出采用 ε-支持向量回归及建立绿地径流系数的预测模型，证明此模型具有泛化能力强和预测精度高的特点，为城区绿地产流量的预测提供了新的计算方法。

郭雨华等利用野外实地放水试验，分析草地减流减沙效益，得出草地坡面土壤的稳定入渗率明显高于裸地土壤的结论。说明草地坡面对降雨具有明显的拦蓄作用，这主要是因为草地植被对降雨动能的削减，从而使坡面土壤不易形成结皮以及植物根系对土壤构型的改善增强了土壤的入渗性能造成的。申震洲等通过在延安燕沟试验区建立不同下垫面（裸地、荒草地、灌木林地）自然地貌径流小区，在天然降雨条件下，分析产流的径流量、产沙量、入渗率数据，发现其随次降雨变化呈现规律性变化。

城市绿地系统的雨水径流是一项不可忽视的资源，过去只强调道路、屋面等硬化地面的雨水利用，不重视绿地等软性地面也会产生雨水径流；随着城市结构和城市化的发展以及全球气候的变化，城市降雨量和地面产流量也发生变化，以前对绿地的削减和调蓄作用的研究不能准确地在工程实践中得到推广；车伍等对绿地系统对雨水的削减和调蓄作用进行了深入的研究，但山地城市的绿地系统在构成上有着自己的特点，对重庆市对绿地对雨水的削减和调蓄作用，对山地城市形成绿地削减调蓄雨水的研究体系，定义一个山地城市绿地系统临界产流的降雨量，以指导山地城市雨水资源化利用。

# 第2章　城市排水管道系统结构性安全预警技术

我国目前绝大多数城市现有排水管网系统布线复杂，老化现象普遍且严重，使用状况良莠不齐。由于城市排水管网的管理水平较低，排水管网设施的老化和排水管网连接关系的复杂化，导致排水管网坍塌、污水溢流、城市内涝等问题日益突出，管道耐久性损伤、市政施工、有害气体爆炸或其他人为因素等导致管网结构安全性下降。特别对于山地城市而言，城市排水管网系统的正常运营还受到由强降雨及其诱发的地质灾害、洪水荷载等自然灾害的威胁，管道的排放能力以及设计内压承载力在强降雨下也面临严峻考验（图 2-1）。

受滑坡冲击的管道

洪水淹没管道

生活污水腐蚀的钢筋混凝土管道

船舶撞击风险

图 2-1　山地城市管道破坏的致灾因素

根据地基承载力、地形变化和埋置高度等的不同，山地城市排水系统通常采用埋地管道、埋地架空管道和架空管道等形式，管道材质包括钢筋混凝土管道、钢材质管道和PVC管道等，其中，钢筋混凝土箱形管道是目前山地城市排水干管广泛采用的形式。

架空管道：当排水管道需跨越冲沟、管道设计标高高于原地面线 2.5m 以上且该段较长或附近有建筑物，大开挖有困难时，则采用桩墩基础，构成架空管道（图 2-2）。

埋地管道：若原地貌高于管道设计底标高，施工时需要开挖沟槽，且基础承载力较好，只需要进行少量的换填或者不用换填直接作为持力层时，则采用埋地管道。在岩面较低段，管道置于岩石基础上（图 2-3）；土层段受管道顶部覆土压力及滨江路车辆荷载的影响，基础承载力要求较高，所在土层的地基承载力或受荷的沉降不能满足要求而采用端承桩支撑，桩嵌入中分化岩层 3.0m 以上形成埋地架空管道（图 2-4）。

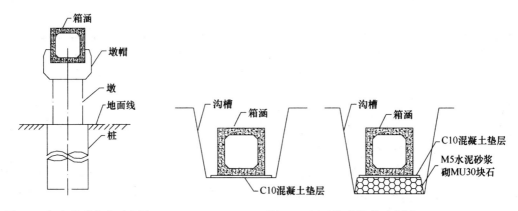

图 2-2　架空箱形管道示意图　　　　　图 2-3　埋地箱形管道示意图

此外，埋地架空管道还包括初期由于地基较低而采用支墩支撑的架空管道，后期因为城市建设需要填埋而成为埋地架空管道的管段，如重庆主城排水干管系统 A 线工程溅澜溪原处于冲沟地段的架空箱形管道，现由于市政改造而成为埋地架空箱形管道。

如图 2-5 所示，山地城市排水箱形管道，在正常工作状态下，所承受的荷载主要为：管道及管道内部流体的重量、周围回填土土压力、地面堆载、管道周围有道路时的车辆动载、温度改变所引起的膨胀力或收缩力、管道安装应力等。而强降雨、滑坡、地震以及其他人为致灾因素作用下，管道可能承受滑坡或市政改造、不当施工等造成的过大或不均匀土压力、管道纵向土体不均匀沉降所产生的附加力等，强降

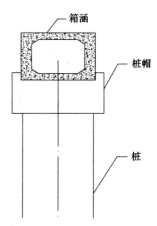

图 2-4　埋地架空箱形管道
　　　　示意图

雨下有压力时管道内部流体的静水压力和水锤作用产生的压力、管道内部压力流在管道沿线的弯折处所产生的纵向力、地震作用等，跨越冲沟的架空箱形管道还可能受到强降雨下洪水冲击的威胁。可见，即使在正常使用时，箱形管道也处于弯、剪、扭的复合应力状态下，受力变形十分复杂。

因此，有针对性地研究相应管道的受力变形特点、失效机制与失效模式，提取管道结构安全运行临界状态的关键参数，是确定管道结构安全性评定标准与检测、监测方法的重要依据。在此基础上，实施管网运行参数的有效监测与检测，合理分析在线监测数据，是构建高效的管理与预警系统、保障山地城市排水管网安全运营的有力手段。

为此，本章针对山地城市特有的地形地质条件，分析降雨条件下排水管道设计暴雨强度公式，评估管道排放能力，建立滑坡机制及其预报预警方法，结合管道结构力学性能分析理论和方法，研究山地城市排水管网系统在多种荷载综合影响下的结构损伤破坏机制与

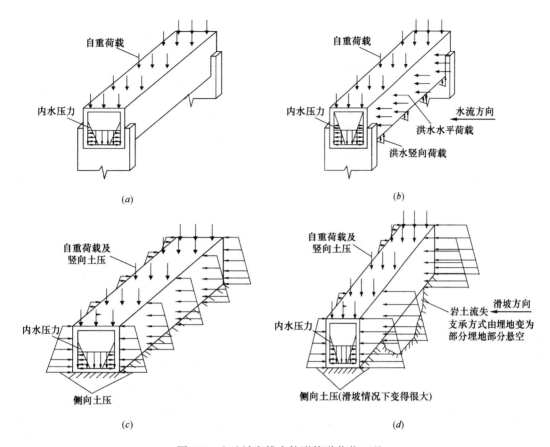

图 2-5 山地城市排水箱形管道荷载工况

(*a*) 正常情况下架空箱形管道；(*b*) 强降雨下架空箱形管道；(*c*) 埋地箱形管道荷载工况；
(*d*) 地质灾害下埋地箱形管道的危险工况

失效模式，从而建立山地城市排水管网系统综合风险评估方法与预警理论。

## 2.1 排水管道设计暴雨强度与管道排放能力评估

城市排水系统一般分为分流制和合流制。以重庆为例，主城排水工程是按分流制设计的，但由于大部分现役排水管道（三级管网）分流制改造尚未完成，仍为合流制，所以现阶段主城排水工程仍属于合流制排水体制。重庆市现行设计暴雨强度公式依据的为 1973 年之前的资料，推导数据区间为 8 年，不满足规范规定的最低 10 年样本数据的要求，且基础资料陈旧。我国气象学中通常将日降雨量在 50mm 及以上者定义为暴雨，暴雨又分为三个等级，即暴雨（日降雨量在 50～99.9mm 之间）、大暴雨（日降雨量在 100～199.9mm 之间）、特大暴雨（日降雨量在 200mm 以上）。对重庆市 1981～2010 年的降雨历史记录统计分析显示，近年来，强降雨有显著加剧的趋势（图 2-6）。为合理评估降雨对城市排水管道的安全性影响，需在近年降雨规律的统计分析基础上，修订现行设计暴雨强度公式，并评估管道排放能力。

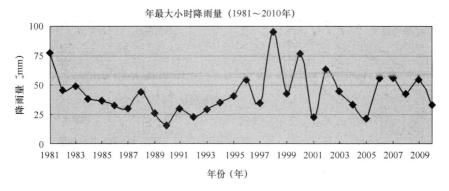

图 2-6 重庆市历年年最大小时降雨量变化趋势图

### 2.1.1 排水管道设计暴雨强度公式修订

设计暴雨强度公式的推导涉及三个关键：一是提取降雨样本，确定适于样本的概率分布模型，这是一个极值统计问题；二是根据模型建立降雨重现期-暴雨强度-降雨历时关系；三是确定暴雨强度公式及其对应参数，包括：

降雨量或降雨深度 $H$，单位：毫米（mm），或用单位面积上的降雨体积（升每公顷，$L/hm^2$）来表示。

降雨历时 $t$，单位：分钟（min）或小时（h）。城市设计暴雨强度公式采用的降雨历时通常有 5min、10min、15min、20min、30min、45min、60min、90min、120min 等 9 个不同历时。

（1）暴雨强度 $i$，即某一连续降雨时段内的平均降雨量，$i = \dfrac{H}{t}$，单位：mm/min。

（2）暴雨强度的频率以及重现期随机事件出现的频率，有理论频率和经验频率两种，实际应用中常采用经验频率 $P_n$，$P_n = \dfrac{m}{n+1} \times 100\%$，其中，$n$ 为数据样本容量，$m$ 为将数据由大到小排列的序号。

（3）暴雨强度的重现期 $T$，指大于或等于某特定暴雨强度值可能出现一次的平均间隔时间，单位：年（a）。重现期 $T$ 与频率 $P_n$ 互为倒数。

针对重庆市 1981～2010 年的分钟自记雨量记录，参照《室外排水设计规范》GB 50014—2006，采用 5min、10min、15min、20min、30min、45min、60min、90min、120min 等 9 个降雨历时，按年多个样法选样，滑动求各个历时的暴雨强度[1]，每年每个历时选择 8 个最大值（考虑按强度大小排列统计时不致于遗漏大雨年的资料），选取最低重现期为 0.25a，然后不论年次将各历时子样依从大到小的顺序排列，从中选择资料年数 4 倍（30×4＝120）的最大值，作为城市暴雨强度统计分析的基础资料。

对于城市暴雨强度的理论概率分布，目前尚无公认的普遍适用的模型。利用前述重庆市暴雨强度记录的年极值资料，分别采用耿贝尔（Gumbel）分布、威布尔（Weibull）分布、指数分布以及皮尔逊-Ⅲ型（P-Ⅲ）分布等概率模型进行拟合，对比各时段不同极值分布模型的概率密度函数（PDF）、累计分布函数（CDF）与样本的频率直方图。结合拟合方差分析、拟合相对偏差以及柯尔莫哥洛夫拟合适度分析可知，对于各历时样本分布函数与分布密度函数的拟合效果而言，以指数分布最好，威布尔分布次之，皮尔逊-Ⅲ型分布再次之，而耿贝尔分布最差，不适于重庆市暴雨强度的拟合。

设计暴雨强度公式参数的确定方法，主要有：北京法、北京简化法、南京法（CRA）与直接拟合法等。就整体误差而言，直接拟合法误差最小，南京法误差较小，计算效率最高。因此，采用南京法计算相应参数，得到指数分布所对应的重庆市设计暴雨强度修正公式：

$$i = \frac{18.09(1 + 0.725\lg T)}{(t + 14.55)^{0.764}} \tag{2-1}$$

$$\text{或 } q = \frac{3021(1 + 0.725\lg T)}{(t + 14.55)^{0.764}} \tag{2-2}$$

与其对照，重庆市现行设计暴雨强度公式为[2]：

$$i = \frac{16.90(1 + 0.775\lg T)}{(t + 12.8T^{0.076})^{0.77}} \tag{2-3}$$

前文所建立的设计暴雨强度修正公式与现行公式的对比见图2-7。显然，重现期1～5a的各个历时下，新建公式推算的设计暴雨强度值均较现行公式大，且超出约6%～7%，这与近年来暴雨强度的增大趋势一致，而依据现行设计暴雨强度公式进行排水管网设计或风险分析设计可能导致排水能力不足或低估结构失效风险。

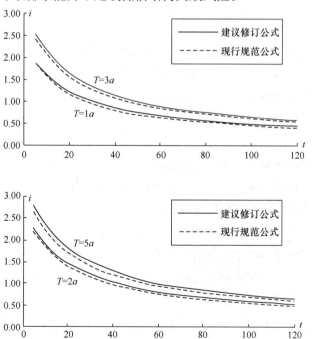

图2-7　重庆主城区现行设计暴雨强度公式与建议修订公式对比

## 2.1.2　排水管道排水能力分析

我国大中型城市的截流干管通常采用分流制，但由于已有绝大多数二级、三级管网采用合流制，因此强降雨下，截流干管并没有真正实现分流，其设计过水量可能不满足要求。且受下游排放水体水位标高和管道自身淤积的影响，可能因为管道内部水压过大造成污水泄漏甚至管道破坏。为此，需评估排水管道系统在强降雨下的实际排放能力，并作为管道内压超载分析的依据。

在给定坡度和管径的圆形管道中，半满流与满流运行时的流速是相等的。根据曼宁公式可求得管段在满流时的水流速度，即：

$$v = \frac{1}{n} R^{\frac{2}{3}} S^{\frac{1}{2}} \tag{2-4}$$

式中　$n$——管壁粗糙系数；

$R$——水力半径（m）；

$S$——水力坡度

$$R = A/\chi$$

$A$——过水断面面积；

$\chi$——过水断面上固体边界与液体接触部分的周长。

管道流量为 $Q = Av$。由此可得到满流时管道的实际输水能力。

我国《室外排水设计规范》GB 50014—2006 规定，小流域面积采用推理公式法[2]（也称为极限强度法）计算雨水设计流量，即：

$$Q' = \Psi q F \tag{2-5}$$

式中　$Q'$——雨水设计流量（L/s）；

　　　$\Psi$——径流系数。为径流量与降雨量的比值，其值小于 1，因汇水面积的地面情况而异。在城市雨水管渠设计中可以采用区域综合径流系数，一般市区的综合径流系数 $\Psi$ 在 0.4～0.8 之间，郊区的 $\Psi$ 在 0.3～0.6 之间；

　　　$q$——设计暴雨强度（L/(s·$10^4$m²)）；

　　　$F$——汇水面积（×$10^4$m²）。

通常，降雨在给定区域内是不均匀分布的，但城市雨水管渠的汇水面积较小，地形地貌较为一致，因而可以假定降雨在整个小汇水面积内均匀分布，即在降雨面积内各点的强度相等。雨水管渠设计通常采用极限强度法，即认为：①当汇水面积内最远点的雨水流到出口断面时，全面积参与汇流，雨水管渠的设计流量最大；②当降雨历时等于汇水面积最远点的雨水流到出口断面的集水时间时，雨水管渠需要排除的雨水量最大。并假设暴雨强度随降雨历时增长而减小，汇水面积与降雨历时成正比。当降雨历时等于集水时间时，全汇水面积参与径流，产生最大径流量。

设计暴雨强度 $q$ 是决定雨水设计流量的重要因素。对管渠的某一设计断面而言，集水时间 $t$ 是雨水由地面径流至雨水口，经雨水管渠最后汇入河流，从汇水面积最远点的雨水流到出口断面的时间，可视为由地面集水时间 $t_1$ 和管渠内雨水流行时间 $t_2$ 两部分组成，即：$t = t_1 + mt_2$，式中，$m$ 为折减系数。则设计暴雨强度公式可写为：

$$q = \frac{167A_1(1 + C\lg T)}{(t_1 + mt_2 + b)^c} \tag{2-6}$$

式中　地面集水时间 $t_1$ 受地形坡度、地面种植情况、水流路程等多种因素的影响，一般采用经验数值。根据《室外排水设计规范》GB 50014—2006，$t_1 = 5 \sim 15\text{min}$。

雨水在管渠内的流行时间 $t_2$ 可由下式估算：

$$t_2 = \sum \frac{L_i}{60 \nu_i} \tag{2-7}$$

式中　$L_i$——各管段的长度（m）；

　　　$\nu_i$——各管段满流时的水流速度（m/s）。

据此，以重庆为例采用第 2 章统计推导的重庆市设计暴雨强度公式，可分析得到重庆主城排水干管 A 线各二级管道的输水能力 $Q$ 远远小于其对应小流域的设计雨水量 $Q'$。少数二级管道的实际汇水区域可能稍有出入，但上述结果足以说明强降雨下二级管道均处于满流状态。由于干管全线是封闭的，因此，可认为暴雨和强降雨下，排水干管的总流量为接入的二级管线的流量及其相应汇水区域的流量之和。

进一步分析重庆主城 A 线干管的排水能力。

重庆主城排水系统截流主干管采用分流制，设计流速 $1.05 \sim 1.28\text{m/s}$，水流坡度为 $0.5\text{‰}$，设计充满度 $0.56 \sim 0.60$。A 线干管分为四个排水区域，由上游至下游依次为忠恕沱区域、唐家桥区域、溉澜溪区域以及唐家沱区域，其中，唐家沱区域分为上、下两段，四个区域的具体设计流量、箱涵截面尺寸及设计流速根据接入的二级管网流量以及总体流量有所差异，总体为由上游至下游逐渐加大。

根据修正的重庆市暴雨强度计算公式，暴雨及强降雨下 A 线管道汇水量分析结果如下：

唐家沱系统 2020 年的污水量为 40 万 $\text{m}^3/\text{d}$，最高日流量 $6.39\text{m}^3/\text{s}$，而区域内的雨水流量可达 $249.816\text{m}^3/\text{s}$，约为污水流量的 40 倍。忠恕沱流域已建成的 11 条二级管道雨季输入 A 管线的最大流量为 $1.807\text{m}^3/\text{s}$。此流域箱涵断面为 $2.0\text{m} \times 2.3\text{m}$，设计过水能力为 $2.433\text{m}^3/\text{s}$，设计充满度为 0.58，未超过该段设计过水能力。A 管线在唐家桥流域已建成二级管道 2 条，终点最大流量为 $2.013\text{m}^3/\text{s}$。此流域箱涵断面为 $2.0\text{m} \times 2.3\text{m}$，设计过水能力为 $3.02\text{m}^3/\text{s}$，设计充满度为 0.60，未超过该段设计过水能力。溉澜溪流域 A 管线的最大流量为 $10.432\text{m}^3/\text{s}$，而流域箱涵断面的设计过水能力为 $4.77\text{m}^3/\text{s}$，已超过该段设计过水能力。唐家沱流域 13 条二级管线在雨季终点的最大流量为 $11.72\text{m}^3/\text{s}$，而该流域箱涵的设计过水能力为 $6.39\text{m}^3/\text{s}$，已超过该段设计过水能力。

可见，A 管线从溉澜溪流域开始，雨季最大合流水量已超过 A 管线箱涵的设计过水能力。

## 2.2　山地城市降雨致地质灾害危险性研究与预警

降雨滑坡是常见的一种地质灾害，受降雨条件、边坡地形地质条件等影响，其机理与规律十分复杂，现有的研究理论与数值模拟手段尚不成熟。为此，我们采用理论与经验相结合的方法，综合滑坡机理、滑坡案例的统计规律与概率统计方法的研究成果，建立了适于一定区域范围的降雨滑坡风险预警与分析模型。通过对重庆地区大量降雨滑坡案例的统计分析，结合降雨滑坡的发生、发展机理以及地质地形特点，确立了影响边坡灾变危险性的主要因素，建立了边坡灾变危险性区划方法；根据重庆市降雨历史数据，分析了重庆市累积有效降雨量概率模型，最终构建了适于工程应用的降雨型滑坡风险预警模型。

### 2.2.1　边坡危险性区划模型

边坡危险性的主要影响因素包括：地质条件、地形地貌、环境因素以及人类活动等，其中，人类活动主要表现为对边坡的主动干扰，是非客观因素，不纳入本文分析范围。西南地区边坡通常有沿江分布的情形，结合其地质地貌特点，可选取地层岩性、岩土体结构、地质构造、坡度与河流冲刷等作为滑坡关键影响因子，从而建立相应的边坡危险性区划指标体系，见表 2-1。表中，各影响因子对滑坡发生的影响程度以 1、2、3、4 表示，由低到高依次表示对滑坡发生的影响程度逐渐增强。

边坡危险性区划指标体系 表 2-1

| 滑坡因子 | 1 | 2 | 3 | 4 |
|---|---|---|---|---|
| 地层岩性 | 砂岩、泥灰岩、泥质粉砂岩 | 粉砂质泥岩、砂泥岩互层 | 泥岩、页岩 | 强风化岩、强破碎带 |
| 岩土体结构 | 整体结构 | 块裂结构 | 碎裂结构 | 松散体 |
| 地质构造 | 反向坡 | 横向坡 | 斜向坡 | 顺向坡 |
| 坡度 | $<10°$ | $10°\sim20°$ | $20°\sim40°$ | $>40°$ |
| 河流冲刷 | 非影响范围 | 一般影响 | 平直岸和凸岸 | 凹岸 |

各影响因子的权重可采用改进层次分析法确定。

影响因子 $x$ 的比较矩阵 $C$ 如下：

$$C = \begin{bmatrix} c_{11} & c_{12} & \cdots & c_{1n} \\ c_{21} & c_{22} & \cdots & c_{2n} \\ \vdots & \vdots & \vdots & \vdots \\ c_{n1} & c_{n2} & \cdots & c_{nn} \end{bmatrix} = \begin{bmatrix} c_{ij} \end{bmatrix}_{n\times n} \tag{2-8}$$

式中，$c_{ij}=1$ 表示影响因子 $x_i$ 比 $x_j$ 重要；$c_{ij}=0$ 表示 $x_i$ 与 $x_j$ 同等重要；$c_{ij}=-1$ 表示 $x_j$ 比 $x_i$ 重要。

由式（2-8），可如下计算判断矩阵 $D$：

$$D = \begin{bmatrix} d_{11} & d_{12} & \cdots & d_{1n} \\ d_{21} & d_{22} & \cdots & d_{2n} \\ \vdots & \vdots & \vdots & \vdots \\ d_{n1} & d_{n2} & \cdots & d_{nn} \end{bmatrix} = \begin{bmatrix} d_{ij} \end{bmatrix}_{n\times n} \tag{2-9}$$

式中，$d_{ij} = \exp(o_{ij})$；$o_{ij} = \dfrac{1}{n}\sum_{t=1}^{n}(c_{it}+c_{tj})$。

由式（2-9），采用方根法求出判断矩阵 $D$ 的最大特征值，根据所对应的特征向量，归一化处理得到权重系数 $\alpha$，见式（2-10），式中，$W_i = \prod\limits_{j=1}^{n} d_{ij}$，$\overline{W}_i = \sqrt[n]{W_i}$。

$$\alpha_i = \overline{W}_i / (\sum_{j=1}^{n} \overline{W}_i) \tag{2-10}$$

根据研究区域的实际情况，给出比较矩阵 $C$，计算判断矩阵 $D$，根据式（2-10）计算各滑坡影响因子的权重，见表 2-2。

滑坡影响因子权重值　　　　　　　　　　　　　表 2-2

| 影响因子 $x$ | 地层岩性 | 岩土体结构 | 地质构造 | 坡度 | 河流冲刷 |
|---|---|---|---|---|---|
| 权重 $\alpha$ | 0.3813 | 0.2556 | 0.1148 | 0.1713 | 0.0770 |

进行区域滑坡危险性评价时，首先需对评价区域进行空间单元划分。由于影响滑坡的各种条件，包括地质、地形、地貌等，在空间分布上存在不均匀性，划分模型单元时，应尽量保证每一单元内部条件的最大均一性以及单元之间的明显差异性。通常单元划分包括规则划分和不规则划分两种方案。对于地形地质条件复杂的山地城市地区，可采用不规则单元划分方式。不规则划分指首先依据研究区域的地形线，以冲沟线、山脊线为斜坡单元边界，尽量保证一个单元不跨越两个不同的地貌，同时控制斜坡单元的面积不超过已发生滑坡的区域。然后按各单元地形、地质等条件根据表 2-2 对各评价因子赋值，由式（2-11）可得到各评价单元的滑坡危险度 $W$：

$$W = \alpha_1 x_1 + \alpha_2 x_2 + \cdots + \alpha_n x_n \tag{2-11}$$

式中　$x_i$ 为各影响因子取值；$\alpha_i$ 为 $x_i$ 所对应的权重。

参照工程经验，可将研究区内的滑坡危险性划分为高危险、中危险、低危险三个等级，其具体特征见表 2-3。表中，$A$、$B$、$C$、$D$ 值为危险性区划的界限值。由滑坡危险度值的范围，取 $A=1$，$D=4$，其余两个分界阈值可采用黄金分割法确定，分别为：$B=4-3\times0.618=2.164$，$C=1+3\times0.618=2.854$。则各评价单元的边坡危险性区划等级，可根据其边坡危险度值由表 2-3 确定。

各等级滑坡危险度含义与划分标准　　　　　　　表 2-3

| 危险性等级 | 产生滑坡的条件 | 属性值 | 危险度值 |
|---|---|---|---|
| 安全区 | 无滑坡风险 | $<A$ | $<1$ |
| 低危险度区 | 发生滑坡的几率很小或偶尔产生小型滑坡 | $A\sim B$ | $[1, 2.164)$ |
| 中危险度区 | 有产生大中、小型滑坡的底层岩性、地貌及动力破坏条件 | $B\sim C$ | $[2.164, 2.854)$ |
| 高危险度区 | 具备产生大中型滑坡的底层岩性、地貌及动力破坏条件 | $C\sim D$ | $[2.854, 4]$ |

## 2.2.2 滑坡前期累积降雨量统计分析

采用重庆市气象局 1961～2008 年的降雨记录，选取重庆地区有具体发生时间的滑坡案例 577 个，利用与滑坡点最为接近的降雨记录，进行滑坡与降雨关系的统计分析。

研究表明，降雨诱发的滑坡大多发生于降雨中后期或降雨停止后几天，降雨滑坡风险不仅与评估当日降雨量有关，还与评估当日前 $n$ 天累计降雨量有关。降雨滑坡案例的统计分析显示，近 70% 的滑坡在发生前 10 天内至少发生一次大雨及以上的降雨。对前述滑坡案例发生前 10 天逐日降雨与滑坡发生的相关性进行统计分析，见表 2-4。

滑坡前期逐日降雨与滑坡发生的相关系数分析　　　　　表 2-4

| 前 $id$ | 0 | 1 | 2 | 3 | 4 | 5 |
|---|---|---|---|---|---|---|
| 相关系数 | 0.75 | 0.562 | 0.422 | 0.316 | 0.237 | 0.178 |
| 前 $id$ | 6 | 7 | 8 | 9 | 10 | |
| 相关系数 | 0.133 | 0.1 | 0.075 | 0.056 | 0.053 | |

可见，滑坡前期各日降雨的影响程度不尽相同，表现为滑坡发生频次与前期降雨的相关性随距滑坡发生时间的增长而降低，超过 10 天的降雨对滑坡发生的影响可以忽略。因此，分析滑坡与前期降水的关系时可仅考虑滑坡发生前 10 天的累积降雨量。

前述研究表明，降雨对滑坡的影响与滑坡发生当日降雨强度、累计降雨量、滑坡发生前期降雨历史等有关。为此，采用日本学者山田刚二提出的"前期有效降雨量"，即滑坡发生前对滑坡产生作用的有效累积雨量，具体模型如下：

$$R_c = R_0 + \sum_{i=1}^{n} \alpha^i R_i \tag{2-12}$$

式中　$R_c$ 为有效降雨量；$R_0$ 为滑坡当日降雨量；$R_i$ 为滑坡发生前第 $i$ 日降雨量；$\alpha$ 为有效降雨系数。根据前述分析，$n$ 取为 10d，$\alpha$ 可根据历史上诱发滑坡的降水资料加以确定，参见表 2-4。

降雨作为斜坡失稳的一个重要诱发因素，其概率结构对降雨滑坡风险的预测及评估至关重要。根据重庆市自 1951～2008 年共 58 年的降雨数据，统计分析了每月最大日降雨量、每季度最大日降雨量以及每年最大日降雨量的概率密度函数和概率分布函数，分别示于图 2-8～图 2-10 中。

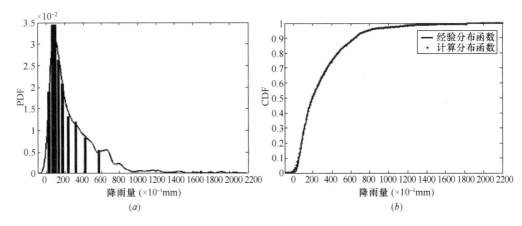

图 2-8　每月最大日降雨量的概率密度函数与概率分布函数

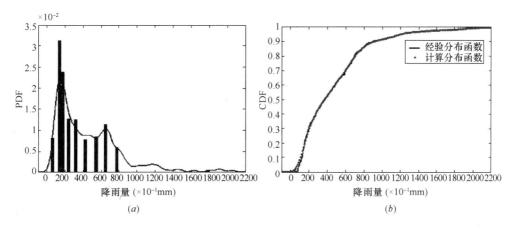

图 2-9　每季度最大日降雨量的概率密度函数与概率分布函数

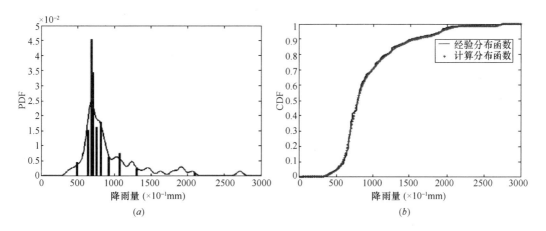

图 2-10　每年最大日降雨量的概率密度函数与概率分布函数

其中，图 2-8 ($a$)、图 2-9 ($a$) 和图 2-10 ($a$) 将概率密度函数的计算值与基于降雨历史记录的不等间距的频数直方图（等频数直方图）相比较，除了在尖峰处数值略有差异外，二者吻合良好。图 2-8 ($b$)、图 2-9 ($b$) 和图 2-10 ($b$) 将概率分布函数的计算值与基于降雨历史记录的经验累积分布函数相比较，二者吻合相当好。

以降雨历史记录为例，根据重庆市 1980～2009 年共 30 年的小时降雨数据、2003～2009 年的分钟降雨数据，获得了雨季日降雨量和 10d 累计降雨量的联合观测记录，共计 10818 条。根据气象学中的降雨等级将日降雨量转化为离散型随机变量，即小雨（$R_1 \in [0, 10)$mm）、中雨（$R_1 \in [10, 25)$mm）、大雨（$R_1 \in [25, 50)$mm）和暴雨（$R_1 \in [50, \infty)$mm）。考虑到降雨量为小雨且累计降雨量较小时滑坡概率几乎为零，对日降雨等级为小雨时仅考虑了累计降雨量超过 20mm 的记录。

对不同日降雨条件下有效降雨量的概率密度函数和概率分布函数进行分析，如图 2-11～图 2-14所示。与等频数直方图和经验累积分布函数的对比，有效地验证了统计分析的合理性。

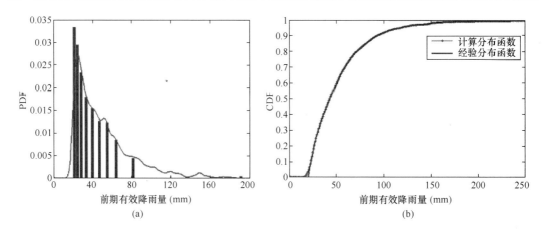

图 2-11　日降雨等级为小雨时前期有效降雨量的概率密度函数与概率分布函数

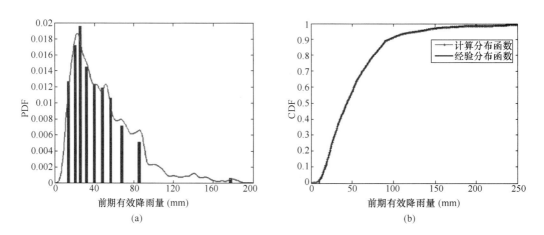

图 2-12　日降雨等级为中雨时前期有效降雨量的概率密度函数与概率分布函数

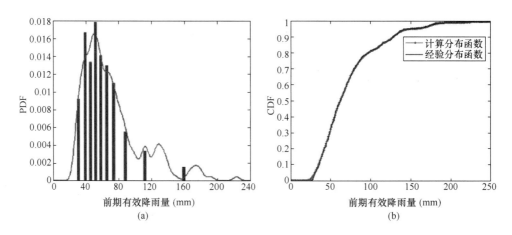

图 2-13　日降雨等级为大雨时前期有效降雨量的概率密度函数与概率分布函数

综合比较图 2-11～图 2-14 可知，随着日降雨等级的提升，相应的前期有效降雨量的条件概率密度函数的不规则性亦逐渐增强，其中以日降雨量为暴雨时尤为显著，这与日降雨等级为暴雨的样本数量较少不无关系。

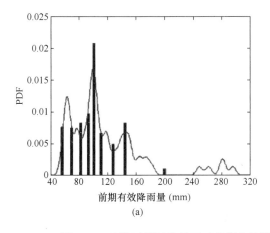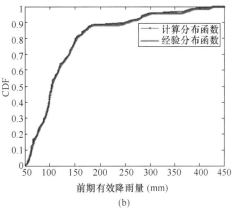

图 2-14　日降雨等级为暴雨时前期有效降雨量的概率密度函数与概率分布函数

### 2.2.3　基于前期有效降雨量的降雨型滑坡风险分析模型

#### 1. 降雨型滑坡气象预报预警模型

参照中国地质灾害气象预报预警等级划分方法，将降雨型滑坡气象预报预警等级分为 4 级，由 1 级到 4 级，滑坡可能性逐渐增大。其中，1 级为观察级；2 级为预报级；3 级为临报级；4 级为警报级，滑坡可能性很大。

对前述滑坡案例的各边坡区段进行危险性评价，从降雨历史记录中分别提取各滑坡案例的当日和前 10 天降雨量数据，由式（2-12）计算对应的有效降雨量，按不同边坡危险性等级分类统计，分别将各危险等级的累计滑坡频率达 15%、30%、50% 时所对应的有效降雨量作为该危险等级边坡预报、临报和警报三个状态的临界有效雨量值，以确立重庆地区降雨型滑坡预报预警累积降雨量指标体系，见表 2-5。

表 2-5

**重庆地区降雨型滑坡预报预警累积降雨量指标体系**（mm）

| 降雨滑坡风险等级<br>边坡危险区划等级 | 1 级观察级 | 2 级预报级 | 3 级临报级 | 4 级警报级 |
|---|---|---|---|---|
| 高危险区 | <25 | [25，60) | [60，100) | ≥100 |
| 中危险区 | <30 | [30，65) | [65，110) | ≥110 |
| 低危险区 | <65 | [65，100) | [100，150) | ≥150 |

#### 2. 降雨型滑坡风险分析模型

对于危险性区划等级为 W 级（可为低危险区、中危险区或高危险区）的边坡，可能发生 $R_I$ 级（$R_I$＝1，2，3 或 4，见表 2-5）降雨型滑坡的年均风险 $F_{R_I}^W$ 为：

$$F_{R_I}^W = \sum_{r_i=1}^{4} F^W(R_I/r_i)F(r_i) \tag{2-13}$$

式中，$F(r_i)$ 为当日最大降雨量为 $r_i$ 的年均累积概率，在此考虑小雨、中雨、大雨或暴雨的情形；$F^W(R_I/r_i)$ 为日最大降雨等级为 $r_i$ 时，危险性区划等级 W 级的边坡发生风险等级为 $R_I$ 级的降雨型滑坡的条件概率。$F^W(R_I/r_i)$ 可根据表 2-5 给定的不同危险性区划等级发生不同降雨型滑坡风险所对应的前期有效降雨量指标，结合图 2-11～图 2-14 所示，不同日降雨条件下前期有效降雨量概率密度函数与概率分布函数确定。如当日降雨为小雨条件下，危险性区划等级为高危险区发生 2 级降雨型滑坡的条件概率 $F^{高}(R_2/r_{小雨})$ 为：图 2-11 （a）中横坐标有效降雨量在 [25, 60) 内，曲线下方所对应的面积。

图 2-15 给出了重庆地区不同边坡危险区划等级的年均降雨滑坡风险。

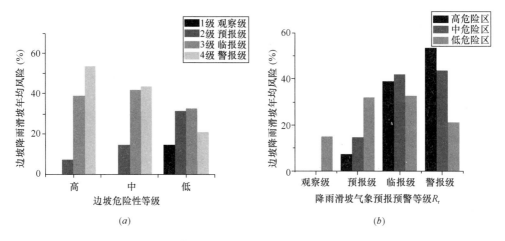

图 2-15　按每年降雨极值分布取值方法下降雨型滑坡年均风险

由图 2-15 可见，边坡危险区划等级越高，发生高危险等级降雨滑坡的年均风险越大，发生低危险等级降雨滑坡的年均风险则越小；反之，危险区划等级较低的边坡，发生低危险等级降雨滑坡的可能性大，降雨滑坡的年均风险整体降低。图 2-15（a）表明，中危险区，发生临报级的降雨滑坡风险和警报级较为接近，为 41.8%；低危险区，发生警报级的降雨滑坡风险明显降低，为 21.0%，但发生预报级和临报级的滑坡风险增大，分别为 31.7% 和 32.5%。图 2-15（b）显示，高危险区发生警报级（4 级）的降雨滑坡年均风险最高，为 53.6%，而中危险区为 43.5%，低危险区则为 21.0%。随着危险区划等级的增加，年均降雨滑坡风险增大，且随着当日降雨量的增大，预报等级较高的降雨滑坡概率也逐渐增大，即滑坡可能性增大，尤其是当日降雨为暴雨及以上时，中、高危险区划边坡的滑坡风险大大提高，需要密切关注并及时采取措施。

## 2.3　山地城市排水管道结构安全性分析与评价

### 2.3.1　架空箱形管道在冲沟洪水作用下的失效机制

架空箱形管道是市政排水管道跨越冲沟所惯于采用的结构形式，也被称为"过水桥梁"。但排水管道架空箱形管道又不同于桥梁，它没有通航要求。一般架空箱形管道下设计净空高度较小，加之城市开发填土，使架空箱形管道下净空进一步减小。山地城市排水架空箱形管道的冲沟一般较狭窄，强降雨下，冲沟极易汇水成为山洪，淹没或冲击架空箱形管道。

冲沟在洪水期水位上涨，最高可达到架空箱形管道的高度，使架空箱形管道处于不利的受力状态，同时由于管线支墩的阻水作用，架空箱形管道上游会产生壅水，壅水高度直接影响洪水对架空箱形管道作用力的大小，受力示意图如图2-16所示，显然，洪水对管道的作用包括水平作用力与竖向作用力。

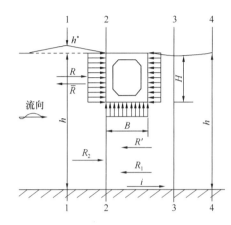

| 断面及符号 | 含义 |
|---|---|
| 断面1-1 | 架空箱涵上游最大壅水断面 |
| 断面2-2 | 架空箱涵上游恢复正常水位断面 |
| 断面3-3 | 架空箱涵下游最小水深断面 |
| 断面4-4 | 架空箱涵下游恢复正常水位断面 |
| $R$ | 洪水对架空箱涵的水平作用力 |
| $\overline{R}$ | $R$的反作用力 |
| $R'$ | 架空箱涵处水流收缩、扩散的阻力损失 |
| $R_1$ | 断面1-1到断面4-4河道对水体的阻力 |
| $R_2$ | 断面1-1到断面4-4的水体水平向分力 |
| $h^*$ | 架空箱涵阻水造成的最大壅水高度 |
| $h$ | 架空箱涵附近冲沟正常水深 |

图2-16 箱形管道结构受力及冲沟壅水曲线示意图

洪水对架空箱形管道的水平作用力为：

$$R = R_1 - R_2 = 0.5\gamma h^* [h^* + 2h - 2q^2/(gh^2)] \tag{2-14}$$

其中，$R_1$为架空箱形管道迎水面对洪水作用力的合力；$R_2$为架空箱形管道背水面对洪水作用力的合力；$q$为冲沟单位宽度流量；$\gamma$为流水密度；$h$为架空箱形管道附近冲沟洪水水深；$h^*$为架空箱形管道阻水造成的最大壅水高度。

考虑到泥沙含量、河床纵坡、河槽边坡、山洪频率、流向等因素对流量的影响，对架空箱形管道所受洪水水平作用力进一步修正如下：

$$F = k_1 k_2 k_3 k_4 k_5 R \tag{2-15}$$

其中，$k_1$、$k_2$、$k_3$、$k_4$、$k_5$分别为考虑泥沙、河床纵坡、河槽边坡、洪水频率、洪水流的修正系数。

架空箱形管道所受总竖向作用力由静水浮力$F_L$和竖向流速上托力$F_P$两部分组成，为：

$$F_总 = F_L + F_P = \gamma A(H + 0.5h^*) \tag{2-16}$$

其中，$A$为架空箱形管道底面面积。

对架空箱形管道在冲沟洪水作用下的力学性能进行综合分析，可知其失效模式包括：柱墩顶部钢筋屈服、箱形管道腋角处混凝土开裂、抗浮齿钢筋屈服、箱形管道整体倾覆、箱形管道主筋屈服以及箱形管道整体丧失侧向抗弯承载力。

图2-17给出了管道各失效模型对应的临界荷载与相对淹没高度关系曲线。图中，六条曲线代表箱形管道的六种失效模式，当洪水荷载值位于曲线下方时，表示相应的失效模式不会发生。反之，若洪水荷载值位于曲线上方，该曲线以及所有在其下方的曲线所对应

的失效模式都会发生。图中显示，各临界曲线均是在水位低时荷载值大，水位高时荷载值小。这说明水位低时箱形管道受荷面积小，要使箱形管道发生相应失效模式需要较大的荷载；而水位高时箱形管道受荷面积大，箱形管道发生相应失效模式只需较小的荷载。其中，以洪水完全淹没箱形管道顶部（即相对淹没高度为 100%）时，为最危险工况。

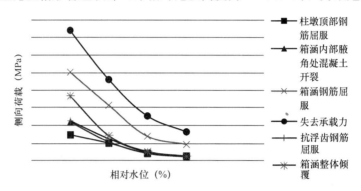

图 2-17　各失效模式临界荷载—相对淹没高度关系曲线

### 2.3.2　架空箱形管道在船舶撞击风险下的失效机制

重庆依山傍水，沿江架设的架空箱形管道在江水上涨期间还可能受到船舶撞击，造成管道破坏。选取重庆主城沿江铺设的一跨典型简支架空排水箱形管道为例，模拟船舶撞击下管道的力学性能，分析其可能失效机制。

通过对航船以不同速度撞击柱墩的数值模拟，分析了撞击荷载作用下架空箱形管道柱墩及箱形管道的应力—位移时程曲线以及撞击时刻应力应变的分布情况。可知，为了有效保障排水干管系统架空箱形管道的正常工作，需控制航船经过沿江铺设架空箱形管道段的行驶速度和载重量。对于具有船舶撞击风险的架空箱形管道，当航船行驶速度小于 5m/s 时，柱墩及箱形管道所受应力小于 900MPa，不发生明显损伤破坏；当航船行驶速度超过 10m/s 时，柱墩及箱形管道局部所受应力在 900～2000MPa 时，将出现明显损伤破坏。

### 2.3.3　山地城市架空排水管道结构安全性评价

影响山地城市架空排水管道结构安全性的工况主要包括强降雨下的流量超载、洪水冲击或滨江（或滨河）管道的船舶撞击等，因此，管道结构安全性评定标准的设置应区分管道使用条件，需依据管道的使用工况、力学性能、失效模式及其后果差异，综合考虑评定参数的可获取性、监测和检测的可行性与可操作性。根据前述分析，对强降雨下架空管道针对流量超载的结构安全性评定可以管道充满度为标准；对跨越冲沟的架空箱形管道，在洪水冲击下的安全性评定可以洪水相对淹没高度为标准；而对沿江敷设的架空管道，可以可能撞击箱形管道的船舶行驶速度为其结构安全性预警标准。

在此，参照《民用建筑可靠性鉴定标准》GB 50292—2015，采用四级评价方法。各安全等级的评定标准阈值，则需根据管道材料性质、几何形式与尺寸、管道架设方式与支座形式、管道周围地形条件、降雨规律等加以确定。以重庆地区排水干管 A 线典型架空箱形管道（箱形管道跨度 16m、截面尺寸为 2.6m×3.0m）为例，各安全性等级含义与评定标准如下：

1 级，管道安全，毋须检测、维护。对应于管道充满度小于 0.6、管道实际流量小于设计流量，冲沟洪水相对淹没高度小于 25％。

2 级，低危险性，管道需注意维护和必要的检测。对应于管道充满度介于 0.6～0.8、管道实际流量达到设计流量的 1.2～1.5 倍，冲沟洪水相对淹没高度介于 25％～50％。

3 级，较高危险性，需采取重点检测或维修措施。对应于管道充满度介于 0.8～0.9、管道实际流量达到设计流量的 1.5～1.7 倍，冲沟洪水相对淹没高度介于 50％～90％。

4 级，高危险性，应立即采取维修或加固措施。对应于管道充满度大于 0.9、管道实际流量超过设计流量的 1.7 倍，冲沟洪水相对淹没高度大于 90％。

对滨江或滨河的架空管道，还需监测过往船舶，当存在船舶撞击风险时，以航船正对箱形管道的行驶速度分量为评定标准，即当正对箱形管道的行驶速度分量小于 2m/s 时，结构安全；当正对箱形管道的行驶速度分量小于 5m/s 时，柱墩及箱形管道所受应力小于 900MPa，不发生明显损伤破坏，结构安全等级为 2～3 级；当正对箱形管道的行驶速度分量大于 10m/s 时，柱墩及箱形管道局部所受应力在 900～2000MPa 时，将出现明显损伤破坏，应对船舶行驶予以立即警告，并对管道采取应急防护措施。架空箱形管道所在区域存在滑坡风险时，其结构安全性等级取为边坡滑坡风险等级。

## 2.3.4 山地城市埋地管道结构安全性分析与评价

山地城市埋地管道具有以下特点：地质条件变化较大特别是在土地整治平场工程中，"大挖大填"现象普遍，所形成场地质条件的差异对排水管道的纵向稳定不利，易发生不均匀沉降；管道可能通过斜坡地段，土压力分布情况复杂，管道存在偏压现象。

作用于埋地管道上的荷载通常包括：管道及管道内部流体的重量、有压力时管道内部流体的静水压力和水锤作用产生的压力、周围回填土土压力、地面堆载、管道周围有道路时的车辆动载、温度改变所引起的膨胀力或收缩力、管道纵向土体不均匀沉降所产生的附加力、预制管道的管节在吊装、运输与安装过程中受到的力、管道内部有压液体在管道沿线的弯折处所产生的纵向力、管道内部有真空情况存在时所受到的负压力、地震作用力等。而强降雨、滑坡以及其他人为致灾因素作用下，埋地管道可能承受滑坡或市政改造、不当施工等造成的过大或不均匀土压力等以及水土流失等造成的管道基础局部悬空，危害管道的结构性能，影响管网正常运行。

对于埋地管道而言，管道周围的土体，既是作用于管道周围的土压力荷载，同时又是阻止管道变形的阻尼介质。作用在地基表面的荷载，通过管道周围的土体传递到管道上，对其形成附加土压力。附加土压力与土体自身的土压力的总和通常占管道正常使用工况时总作用力的 60％以上，因此，土压力分布模型是埋地管道力学性能分析的基础。埋地管道有多种分类方式，根据管道材料与其周围土壤的相对刚度可分为刚性管道和柔性管道。大量试验与工程实践表明,管-土相对刚度、管道周围岩土的物理力学性能以及管槽几何形状和施工方法等对管道周围土压力的大小及其分布规律有显著影响。

在竖向土压力和地面荷载作用下,埋地管道将因受力而变形,管顶向下挠曲,管道两侧向外膨胀,挤压侧壁土体,将引起土体对管道的弹性抗力,约束管壁向外变形。故埋地管道抵抗上部覆土压力的能力是由管道自身结构特性(强度和刚度)与管侧土抗力两部分组成的,后者由管环受压变形引起,与管道周边土体材料性质有关。在一定覆土高度和管道弹性模量下,管道的变形随其周围土体弹性模量的增大而减小,基本成反比。

实际工程中,沿管道纵向地基土土质分布可能不均匀,或者由于施工原因导致沿管道纵向存在基础刚度薄弱区域,这类沿管道纵向基础刚度的不均匀性也会造成管道破坏。

此外,山地城市排水管道通常会经过大量斜坡地段。在这些地段,管道受力情况复杂多变,管道本身存在大量地质偏压段,而目前我国管道结构设计规范采用的是荷载结构法,即将土压力按假定的形式作用于管道上,未考虑斜坡地形、管-土相对刚度等因素对管道周围土压力以及管道力学性能的影响。

为此,对位于斜坡段的管道周围土压力分布情况进行了室内模型试验研究。研究结果显示,当管道位于斜坡底部时,管道周围土压力分布受斜坡的影响较小;当管道位于斜坡中部时,管道两侧水平土压力的不对称性最大,管道易因较大的水平位移而破坏;对于具有滑动风险的斜坡,管道位于斜坡顶部时最为不利。

### 2.3.5 埋地箱形管道结构安全性评价标准

综合前述分析,根据横截面土压力分布形式的不同,可将山地城市埋地管道按所处位置分为水平地段和斜坡地段两类。处于水平地段的埋地管道,其破坏模式主要包括纵向基础刚度不均匀导致的梁式弯曲破坏、横截面土压力过大造成的腹板破坏;斜坡地段的埋地管道,无滑坡风险时,其破坏形式主要为侧向土压力不均匀导致的管道位移和变形、顶部土压力过大造成的顶板破坏;有滑坡发生时,斜坡地段管道破坏模式包括滑坡推力和冲击下的管道过大位移、变形与倾覆等。

分别针对水平地段与斜坡地段的埋地管道,建立埋地管道结构安全性评定标准。采用四级评价方法,各等级含义同架空管道。根据管道具体几何、材料参数与使用工况,综合管道结构性能实验与数值分析,依据不同水平地段和斜坡地段,影响管道正常使用的主要破坏模式,分别建立四个等级的评定阈值或评定指标。兼顾对于埋地管道在线监测与检测的可行性,考虑到埋地管道的变形与位移,难以直接检测或监测,可以基础不均匀沉降代替。在不考虑滑坡风险时,重庆市排水干管 A 线埋地箱形管道的结构安全性评定标准可如下设置:

1 级,管道安全,无须检测、维护。对应于无基础不均匀沉降以及跨中腹板混凝土开裂之前的状态,腹板外表面混凝土应变低于 $200\mu$。对水平地段管道,上部峰值土压力低于 144kPa;对斜坡地段管道,侧向土压力小于 150kPa。

2级，低危险性，管道需注意维护和必要的检测。对应于基础不均匀沉降小于0.003$L$（$L$为管道长度），跨中腹板箍筋屈服，腹板外表面混凝土应变大于200$\mu$。对于水平地段管道，上部峰值土压力介于144～270kPa；对于斜坡地段管道，侧向土压力小于200kPa。

3级，较高危险性，需采取重点检测及维修措施。对应于基础不均匀沉降介于0.003～0.005$L$，跨中腹板内侧纵筋屈服之前。对于水平地段管道，上部峰值土压力介于144～270kPa；对于斜坡地段管道，侧向土压力介于200～300kPa。

4级，高危险性，应立即采取维修加固措施。对应于基础不均匀沉降大于0.005$L$，箱形管道跨中腹板纵筋开始屈服。水平地段管道的上部峰值土压力大于270kPa；斜坡地段管道的侧向土压力大于300kPa。

对位于斜坡地段的管道，当存在滑坡风险时，则以边坡安全性等级作为管道安全性等级。

## 2.4 城市排水管道耐久性评定与故障检测技术

### 2.4.1 排水管道腐蚀机理

我国城市排水管道，其管道材料、接口和基础等多以混凝土为主，在污水长年累月的磨蚀、腐蚀以及其他环境腐蚀介质作用下，易造成材料性能退化，管道结构往往达不到预期使用寿命。近年来，城市地下管道（给水、排水、煤气、热力管线等）爆管、裂管时有发生，而管道老化、管道材料受腐蚀退化是造成管道破坏的主要因素之一。由于城市排水管道通常埋设于地下，其老化、损伤和破裂难以监测与检测。

在此，以重庆主城排水管道为例，进行城市污水采样，分析城市污水对管道的主要腐蚀成分、浓度及其腐蚀机理。污水采样分析结果显示，城市生活污水排水管道中，腐蚀介质成分多样，包括无机盐、有机物与微生物等（表2-6）。

**重庆市某市政污水管道内腐蚀介质成分的浓度** 表2-6

| 编号 | 成 分 | | | | | | | | |
| --- | --- | --- | --- | --- | --- | --- | --- | --- | --- |
| | pH | 硫化物 (mg/L) | $Na^+$ (mg/L) | $Mg^{2+}$ (mg/L) | $Cl^-$ (mg/L) | $SO_4^{2-}$ (mg/L) | $NH_4^+$ (mg/L) | 游离$CO_2$ (mg/L) | COD (mg/L) |
| 1 | 7.73 | 0.50 | 5.90 | 1.10 | 4.90 | 3.15 | 5.05 | 1.45 | 278.00 |
| 2 | 7.57 | 0.59 | 5.35 | 1.10 | 4.78 | 2.60 | 4.10 | 0.50 | 386.00 |
| 3 | 7.50 | 0.60 | 6.10 | 1.10 | 4.75 | 1.20 | 2.75 | 2.35 | 361.00 |
| 4 | 7.60 | 0.67 | 5.35 | 1.10 | 4.25 | 1.65 | 3.00 | 1.50 | 328.00 |
| 5 | 7.71 | 0.62 | 4.83 | 1.00 | 4.35 | 2.10 | 2.30 | 2.95 | 321.00 |

根据上述典型城市污水腐蚀成分及其浓度，进行混凝土试块浸泡腐蚀实验，研究混凝

土管道的腐蚀机理。腐蚀浸泡实验显示，$NH_4^+$ 易与混凝土中的 $Ca(OH)_2$ 反应生成难电离的氨水，随着氨水浓度的增加，释放出氨气，使反应持续充分进行，固相的石灰不断被溶解，混凝土内部毛细孔粗化，渗透系数增大，混凝土表层剥落，腐蚀过程不断由混凝土试件表面向内部深入，混凝土内部越来越酥松。因此，与其他腐蚀介质相比，腐蚀溶液浓度较低时，$NH_4^+$ 溶液的腐蚀作用较大。

$SO_4^{2-}$ 与混凝土中的 $Ca(OH)_2$ 会发生膨胀性腐蚀反应，生成石膏和钙矾石，使混凝土试件体积剧增，导致混凝土开裂。当 $SO_4^{2-}$ 溶液浓度较高（大于 $1000mg/L$ 时），混凝土试块在第 5 个月后表面即变得十分松散并出现细小可见裂缝。

$CO_3^{2-}$ 溶液和 $S^{2-}$ 溶液的腐蚀作用相近，当它们浓度较高时，主要是使难溶的碳酸钙、硫化钙和氢氧化钙转变为易溶的碳酸氢钙和硫氢酸钙而流失，使混凝土中的石灰浓度降低，引起分解性腐蚀。

$Mg^{2+}$ 离子溶液在浓度水平③下的腐蚀作用逐渐明显，这是由于当 $Mg^{2+}$ 溶液浓度较低时，溶液反应量小，与混凝土表面中的 $Ca(OH)_2$ 发生反应，生成的 $Mg(OH)_2$ 将在混凝土表面形成薄膜，保护内部混凝土免遭腐蚀。而当 $Mg^{2+}$ 溶液浓度较高时，混凝土表面中的 $Ca(OH)_2$ 不足以中和 $Mg^{2+}$ 离子，溶液将向混凝土内部扩散并引起进一步腐蚀。

与无机盐溶液相比，城市污水中有机物的腐蚀机理较为复杂，主要由于污水中的多种有机酸对混凝土产生腐蚀作用，即与混凝土中的 $Ca(OH)_2$ 发生反应，生成可溶性盐而流失，属分解性腐蚀。

上述研究表明：城市污水中的 $Mg^{2+}$、$NH_4^+$、$CO_3^{2-}$、$S^{2-}$ 和 $SO_4^{2-}$ 离子以及有机物对混凝土均具有明显的腐蚀作用，$Cl^-$ 离子对混凝土的腐蚀作用不明显，但会引起管道中的钢筋锈蚀；$NH_4^+$ 离子的腐蚀作用相对较大，$S^{2-}$ 和 $SO_4^{2-}$ 离子的腐蚀作用相对次之，$CO_3^{2-}$ 和 $Mg^{2+}$ 的腐蚀作用相对较小；有机物腐蚀与 $CO_3^{2-}$ 和 $Mg^{2+}$ 的腐蚀作用相对接近。

混凝土的强度随腐蚀介质的浓度和腐蚀时间的不同也呈现不同的变化规律。实验初期，混凝土强度变化不稳定，存在局部波动；实验中期，混凝土强度总体呈下降趋势；实验后期，混凝土强度出现明显衰减。腐蚀混凝土试块单轴受压实验表明，腐蚀混凝土力学性能的劣化受腐蚀介质种类、浓度以及腐蚀时间的影响，总的表现为内部初始微裂缝增多、初始变形增大、峰值应力和弹性模量降低、塑性变形能力降低。腐蚀越严重的混凝土，剥落现象越严重，主裂缝发展迅速，发育显著，而其他裂缝发展不明显；腐蚀弹性模量、峰值应力和残余变形能力降低，其降低程度受腐蚀程度影响。腐蚀时间越长，腐蚀程度越高，强度、弹性模量及变形能力下降越多。

## 2.4.2 排水管道的耐久性评定标准

结构的耐久性，是指结构在化学、生物或其他不利因素的作用下，在预定时间内，其材料性能的恶化不致导致结构出现不可接受的失效概率的能力；或指结构在规定的目标使用期内，不需要花费大量资金加固处理而能保证其安全性和适用性的能力。

城市排水管道，长期浸泡于污水中，以及管道中堆积淤泥等的腐蚀作用，易造成管道局部腐蚀，材料力学性能退化，进而导致管道开裂、污水泄漏。根据前述排水管道腐蚀机理及现象，参照混凝土结构耐久性评定标准，将管道耐久性损伤分为4级。考虑到城市管道多埋置于地下，检测、监测难度大，标准中涉及参数和指标等因兼顾其易测、易得性，宜主要根据易观察到的混凝土管道表面腐蚀破坏现象，判断耐久性等级。各级的含义及其分级标准如表2-7所示。

污水腐蚀下管道耐久性评价标准　　　　　　　　　　　　　　　　　　　　表2-7

| 腐蚀等级 | 1 | 2 | 3 | 4 |
|---|---|---|---|---|
| 含义 | 极轻度腐蚀，混凝土表面有微观毛细裂缝，毋须采取措施 | 轻度腐蚀，混凝土有微观毛细裂缝，需重点检测 | 较严重腐蚀，混凝土有可见裂缝，需采取维修及防腐措施 | 严重腐蚀，混凝土有明显可见裂缝，表面有锈蚀产物溢出，需立即采取维修加固措施 |
| 评定标准 | 混凝土管道表面裂缝宽度＜0.1mm | 混凝土管道表面裂缝宽度介于（0.1mm，0.3mm] | 混凝土管道表面裂缝宽度介于（0.3mm，0.7mm] | 混凝土管道表面裂缝宽度＞0.7mm |

## 2.4.3　城市排水管道损伤检测方法

排水管道的故障检测、诊断与修复技术是保障管网安全运行的有力措施。排水管道的检测包括直接法和间接法。直接法就是直接测定管道材料的腐蚀情况，间接法是通过对管道内输送的污水中含有的腐蚀成分浓度的测量推断管道的腐蚀速度或腐蚀行为。排水管通常为重力管，大多数情况下管道内部不承受压力，其检测方法与油气管网和给水管网不同。在此主要介绍管道内检测方法，检测内容主要为管道损坏种类、损坏部位和范围、损坏程度等，主要方法包括：闭路电视、变焦照相技术、污水管道扫描和评价技术、地中雷达、超声波检测（声纳法）、激光干涉仪和红外线温度记录法等。

最基本的管道检测方法是人为检测。管径大于1.2m的管道，人可以进入管道内部进行检查。人不能进入的管道，可利用CCTV等其他管道内部检测和评价技术。英、美、加等国已开发应用了多种管道内自动检测技术，可在管线检测中不必开挖即可精确地测定泄漏的位置，可进入人员无法进入的、包括入户支管在内的各种管道中，保质、保量地探测出管道的内部状况。这些检测技术包括闭路电视（CCTV）检测、遥感诊断方法和高级的多传感器系统等。其中，闭路电视检测是主要的内部检测技术。遥感诊断方法包括红外线温度记录仪系统、音速测距法和地中雷达等，高级多传感器系统包括KARO、PIRAT和SSET等。图2-18按操作方式将管道检测技术进行了分类。使用时可根据管道的材料、管径、埋深、充满度（fluid level）和可疑问题的性质予以选择。

表2-8、表2-9分别总结了各检测技术所能探测管道的缺陷，并比较了几种检测评价技术的优缺点。总体而言，目前各检测技术中，以CCTV法应用最广。

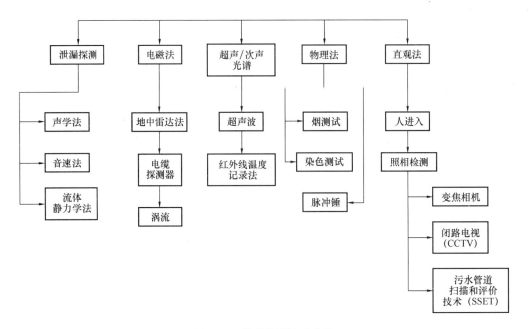

图 2-18　管道检测技术分类

**检测技术能测定的破坏类型**　　　　　　　　　表 2-8

| 检测方法 | 能探测到的破坏、缺损类型 | | | | | | |
|---|---|---|---|---|---|---|---|
| | 节点偏移 | 砂浆损坏 | 裂缝 | 腐蚀 | 管壁变薄（钢管） | 支管偏斜 | 管顶下陷 |
| CCTV | √ | √ | √ | √ | × | √ | √ |
| SSET | √ | √ | √ | √ | × | √ | √ |
| GPR | × | × | × | × | × | × | × |
| 超声波检测 | √ | × | √ | √ | × | √ | √ |
| 激光干涉仪 | √ | × | √ | × | × | √ | √ |
| 红外线温度记录法 | √ | × | √ | × | × | × | × |
| 人进入 | √ | √ | √ | √ | × | √ | × |

**污水管道系统检测评价技术的比较**　　　　　　　　　表 2-9

| 技　术 | 优　点 | 缺　点 |
|---|---|---|
| CCTV | • 普遍使用、非常熟悉的技术<br>• 新发展包括质量更高的图像输出和轻便的检测系统 | • 依靠技术人员的技能和经验<br>• 依靠 TV 图片的质量<br>• 难于进行现场评价<br>• 没有提供回填条件信息<br>• 确定的管道缺陷探测的不准确性 |
| 红外线温度记录法 | • 大面积检测<br>• 允许夜间检测<br>• 能探测管壁缺陷和提供回填信息<br>• 现场效率高 | • 没有提供裂缝深度的信息（深裂缝难于探测）<br>• 图像解译依靠环境和表面状况<br>• 依靠单一传感器收集数据 |

| 技　术 | 优　点 | 缺　点 |
|---|---|---|
| 超声波检测 | • 可描述管道的交叉断面<br>• 测量管壁偏差、腐蚀损失和碎片体积<br>• 现场效率高 | • 仅测量管道露出水面或浸没于水下的部分，不能同时进行<br>• 依靠单一传感器收集数据 |
| 地中雷达 | • 提供连续的管壁交叉断面轮廓<br>• 测出裂缝深度<br>• 现场效率高 | • 数据解译非常困难，需要经验和平时训练 |
| 高级系统 | • 多传感器系统<br>• 提供连续的管壁轮廓<br>• 机器人组件<br>• 可望获得更高的收益/成本率 | • 处于样机或测试阶段（需要进一步发展为现场应用）<br>• 初期成本高 |

## 2.5　山地城市排水管网结构安全性综合评价体系

如前所述，山地城市排水管网管道类型多样、工况复杂，面临多种灾害共同作用的风险。因此，需针对降雨导致的地质灾害、内压超载以及生活污水腐蚀等多种危害下排水管道的安全性评级，建立山地城市排水管网在多灾害、多工况下的安全性评价体系与方法。

### 2.5.1　系统安全性评价方法概述

系统安全性评价按评价方法的特征可分为：

（1）定性评价。定性评价依靠人的观察分析能力，是一种借助于经验和判断能力进行评价的方法。

（2）定量评价。定量评价主要依靠历史统计数据，是一种运用数学方法构造模型进行评价的方法。

（3）综合评价。综合评价是指两种以上方法的组合运用，常表现为定性方法和定量方法的综合，有时是两种以上定量评价方法的综合。由于各种评价方法都有它的适用范围和局限性，综合评价可以在兼有多种评价方法长处的同时在一定程度上克服各种方法单独使用时的局限性，因此可以得到较为可靠和精确的评价结果。

层次分析法作为一种新型的系统工程方法，最早由美国著名运筹学家、匹兹堡大学教授 T. L. Saaty 于 20 世纪 70 年代提出。它既可以实现定量分析与定性分析的有机结合，又可以通过收敛性检验来衡量定量分析的准确性，进而决定是否需要重新评价；同时，层次分析法还能将复杂系统简单化，使问题更易解决。

所谓层次分析法，是指将一个复杂决策问题分解成组成因素，并按支配关系形成层次结构，在此基础上通过定性指标模糊量化的方法确定决策方案相对重要性的系统分析方法。换言之，层次分析法是将决策问题按总目标、各层子目标、评价准则直至具体的备择方案的顺序分解为不同的层次结构，由判断矩阵的特征向量求得每一层次的各元素对上一层次某元素的优先权重，最后再由加权和递阶归并得到各备择方案对总目标的最终权重，最终权重最大者即为最优方案。这里所谓"优先权重"是一种相对的量度，它表明各备择方案在某一评价准则或子目标下优越程度的相对量度，以及各子目标对上一层目标重要程度的相对量度。层次分析法比较适合于具有分层交错评价指标且目标值又难于定量描述的决策问题。

层次分析法一般包括四个步骤：①分析系统中各因素之间的关系，建立系统的递阶层次结构；②对同一层次各元素关于上一层次中某一准则的重要性进行两两比较，构造两两比较判断矩阵；③由判断矩阵计算被比较元素对于该准则的相对权重；④计算各层元素对于系统总目标的组合权重并进行排序，确定最优方案。

### 2.5.2　山地城市排水管网结构安全性综合评价递阶层次分析模型

山地城市排水管网结构安全性评估及预警流程如图 2-19 所示。

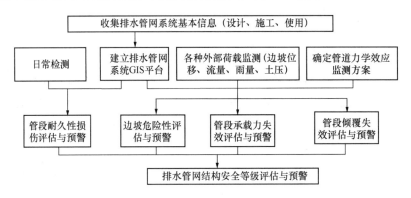

图 2-19　山地城市排水管网结构安全性评估及预警流程图

山地城市排水管道的结构性安全监测管理体系包括架空管道与埋地管道的安全性监测与预警。如前各节所述，排水管道的损伤和破坏主要包括耐久性损伤、承载力破坏和整体倾覆三大类型。耐久性损伤主要表现为生活污水、污泥等的腐蚀作用造成的管道材料性能退化，其作用时间与破坏效果随时间缓慢增长，初期不易检测；承载力破坏则主要由于管道内压超载、滑坡、管道基础不均匀沉降、洪水冲击、城市建设活动的影响等造成管段局部过大变形或开裂，可能导致污水渗漏，而管道腐蚀等耐久性损伤也会造成管道承载力局部下降；架空管道在洪水冲击、滑坡以及其他不当施工因素作用下还可能发生整体倾覆。此外，管道内部气体爆炸、船舶对临江架空管道的撞击以及其他人为破坏等也可能造成管道的灾害性破坏。这类破坏往往不可预测并难以监测，而一旦发生，后果严重。

可见，山地城市管网系统结构安全性评价涉及的致灾因素复杂多样，导致的管道破坏形式及其后果各不相同，检测与监测的难易程度与方法差异较大，分析与评价的参数和指标也存在定性与定量的不同，难以建立单一的确定性指标及目标函数的评价体系与方法。而递阶层次分析模型通过将影响系统最终性能的各有关因素按照影响范围或影响程度等不同属性自上而下地分解成若干层次，同一层次的诸因素从属于上一层的因素或对上层因素有影响，同时又支配下一层的因素或受下一层因素的作用，从而可以分析不同因素对目标的影响及其相互关系，可将问题分解为不同层次、不同范围及不同影响因素，可综合应用定性与定量分析方法。因此，建立山地城市排水管网结构安全性递阶层次分析模型，如图2-20所示。

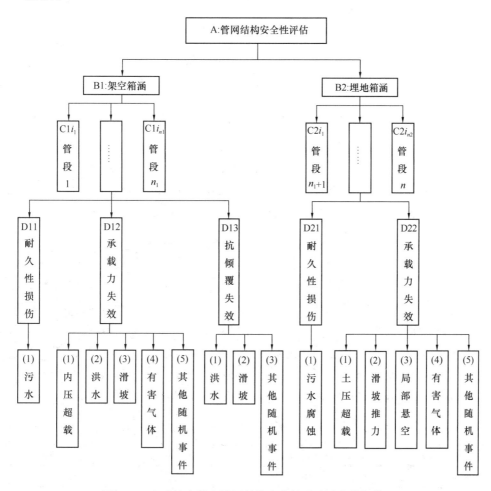

图 2-20 山地城市排水管网结构安全性递阶层次分析模型

递阶层次结构通常分为目标层（顶层）、准则层（中间层，可包含多个）和指标层（底层）。山地城市排水管网结构安全性递阶层次分析模型中，底层对应导致管道失效的各种致灾因子。虽然管道承载力、整体倾覆等失效可能是由多种外因耦合作用所致，但考虑到各种灾害同时发生在同一管段的可能性较小，为简化计，可先进行各因素单独作用时管道的安全等级评估，再综合评估多种因素作用下管道的安全等级。各因素单独作用下管道安全等级的评定标准分别参见污水腐蚀下耐久性评价标准，洪水冲击、内压超载以及船舶撞击下架空箱涵安全等级评价标准以及滑坡作用下埋地箱涵安全等级评价标准等，表2-10给出了管道整体倾覆的评定标准。各单因素作用下管道安全等级评价均采用4级评定标准，数值越大，管道越趋危险。

整体倾覆评估分级指标　　　　　　　　表 2-10

| 安全等级 | 1 | 2 | 3 | 4 |
|---|---|---|---|---|
| 分级标准 | 侧移小于极限侧移的 20% | 侧移大于极限侧移的 20%、小于极限侧移的 40% | 侧移大于极限侧移的 40%、小于极限侧移的 70% | 侧移大于极限侧移的 70% |

单个管段在多种灾害因素下发生同一失效模式的安全性等级评定采用如下方法：

$$\alpha_{i,j} = \max_k\{\alpha_{k,i,j}\} + \begin{cases} 1, & \alpha_{k,i,j} \geqslant \max_k\{\alpha_{k,i,j}\} - 1 > 1 \\ 0, & \text{otherwise} \end{cases} \tag{2-17}$$

式中，$\alpha_{i,j}$ 表示第 $j$ 个管段第 $i$ 种失效机制的安全等级，$\alpha_{k,i,j}$ 表示第 $j$ 个管段在第 $k$ 种荷载单独作用下第 $i$ 种失效机制的安全等级。其评价思想为：管段在各种荷载综合作用下的安全等级取为其中安全等级的最大值再加上一个修正值。此修正值可按下述方法确定：若最大的安全等级大于 2 且各荷载单独作用下的安全等级与该最大值相差不超过 1 个等级，那么修正值取 1，否则取为 0。显然，上述确定管段安全等级的思想方法既考虑了各荷载单独作用的结果，亦考虑了所有荷载综合作用的效果，较为全面、合理。

管道可能遭受多种损伤破坏，而各种破坏形式（如管道的耐久性损伤、承载力失效和整体倾覆）所造成的后果不尽相同。因此，在管段安全性等级的综合评定中须区分不同失效机制的危害差异。其中，耐久性损伤主要影响管道箱涵的使用功能，会间接影响箱涵的承载力，但作用效果缓慢，对管道安全性的直接影响较小。而管道倾覆产生的后果最为严重，会中断管网的正常运行，并造成污水泄漏严重影响环境，其维护维修费用也较高。因此，可对架空箱涵建立表 2-11 所示判断矩阵。因此，架空管段耐久性损伤、承载力失效和倾覆失效的权重系数为：$(0.2565, 0.466, 0.7467)/0.2565 = (1, 1.7, 3.3)$。

架空管道各失效模式判断矩阵　　　　　　表 2-11

| 架空管段 | 耐久性损伤 | 承载力失效 | 倾覆失效 |
|---|---|---|---|
| 耐久性损伤 | 1 | 1/2 | 1/3 |
| 承载力失效 | 2 | 1 | 1/2 |
| 倾覆失效 | 3 | 2 | 1 |

与此类似，可建立埋地箱涵的二维判断矩阵，进而得到埋地管段耐久性损伤和承载力失效的权重系数：$(0.4472, 0.7944)/0.4472 = (1, 2)$（表 2-12）。

埋地管道各失效模式判断矩阵　　　　　　表 2-12

| 埋地管段 | 耐久性损伤 | 承载力失效 |
|---|---|---|
| 耐久性损伤 | 1 | 2 |
| 承载力失效 | 1/2 | 1 |

单个管段的安全等级是各失效模式的综合结果，而各失效模式对管段安全性的影响不同，故采用加权平均法由各失效模式的安全等级确定单个管段的综合安全等级。此外，考

虑到与架空管道相比，埋地管道不易监测，一旦发生损伤或破坏，其维修更换难度也较大，故引入管道类别重要性系数，则：

$$\alpha_j = \left[ \alpha_0 \frac{\sum\limits_i \omega_i \alpha_{i,j}}{\sum\limits_i \omega_i} \right] \tag{2-18}$$

式中，$\alpha_j$ 表示第 $j$ 个管段的安全等级，$\omega_i$ 表示第 $i$ 个失效模式的权系数，即由前述分析得到的耐久性损伤、承载力失效和整体倾覆的重要性系数。$[\cdot]$ 表示取整函数。$\alpha_0$ 为管道类别重要性系数。对于埋地管，$\alpha_0 = 1.5$；架空管，$\alpha_0 = 1.0$。

排水干管系统为各管段构成的串联系统，各管段的安全性等级对于管网系统具有相等的重要性或贡献度，则管网系统的安全性由各管段综合评定确定。即：

$$\alpha_{i,j} = \max_k \{\alpha_{k,i,j}\} + \begin{cases} 1, & \dfrac{Num\left[\alpha_{k,i,j} \geqslant \max\limits_k \{\alpha_{k,i,j}\} - 1\right]}{n} > [p] \\ 0, & \text{otherwise} \end{cases} \tag{2-19}$$

式中，$Num[\cdot]$ 表示计数函数，即满足给定条件的物体或事件的数量，$n$ 表示管段数量的总和，$[p]$ 表示预先给定的比例限值，如可取为 50%。

式（2-19）表示：管网系统的整体安全性等级可取为各管段安全性等级的最大值再加上一个修正值，此修正值可按下述方法确定：若最大的安全等级大于 2，且与该最大值相差不超过 1 个等级的管段的数量超过限值 $[p]$，那么修正值取 1，否则取为 0。

当管段各失效机制等级达到 3 级时，将对管段预警；而管网系统整体安全性等级达到 4 级时，将对管道系统预警。

对重庆主城排水干管 A 线管道的结构安全性现状进行评估，可得：A 线全线除隧洞外，在无滑坡风险和洪水荷载下，安全性等级均为 1 级（图 2-21）；强降雨条件下，考虑

图 2-21 无滑坡和洪水荷载风险下重庆主城区排水干管 A 线管道结构安全性评价

滑坡风险以及跨越冲沟处洪水荷载作用，120～124 号管段受冲沟洪水荷载影响，安全性等级为 2 级，38～43 号、70～80 号管道受滑坡威胁，安全性等级为 3 级，其余管段安全性等级仍为 1 级（图 2-22）。

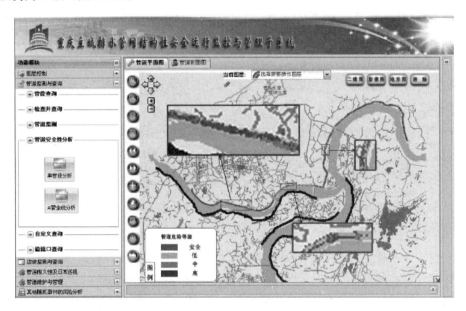

图 2-22　滑坡和洪水风险下重庆主城区排水干管 A 线管道结构安全性评价

# 第3章 城市排水管道有害气体监控与预警技术

随着我国经济快速发展以及城镇化进程的加快，城市容量的不断扩大，城市地下管网的负荷快速增加，加之地理条件局限和地下管网布局不合理，由此产生的有毒、可燃、易爆气体如隐形定时炸弹随时威胁民众的生命、财产安全，存在着严重的安全隐患。在这些有毒可燃易爆气体中，最严重的当属甲烷气体，当其浓度达到一定范围时，如遇火源、高温等外部条件便可能发生猛烈爆炸。其次，硫化氢气体也是排水管道中有害气体的主要成分之一。硫化氢具有毒性，当其浓度累积达到一定程度后，对下井作业的工人具有非常大的危害性，并且硫化氢气体在酸碱度发生变化时将产生腐蚀性的物质，对管道造成腐蚀。

目前，国内多个城市如广州、北京、上海等均已开展污水管道有毒有害气体监测系统的试点工作，通过获取管道井内有毒有害气体的浓度，并将数据自动传输到计算机监测中心，对可能发生爆炸的场所采取及时的防范措施。但是，现有污水管道有毒有害气体监测系统仍存在较多问题，譬如设备防水浸性不强、传统的催化式甲烷传感器存在"中毒"甚至爆炸等现象。并且目前对污水管道有毒有害气体监测方面的研究仅局限于浓度监测方面，而在污水管道有害性气体安全预警指标及风险评估模型研究方面，缺乏有针对性的、系统的理论研究。

## 3.1 污水管道有害性气体安全预警指标及风险评估模型研究

### 3.1.1 气体安全监控指标体系及阈值研究

可燃性气体（蒸气）与空气组成的混合物能使火焰蔓延的最低浓度，称为该气体（蒸气）的爆炸下限；同样，能使火焰蔓延的最高浓度，称为该气体（蒸气）的爆炸上限。爆炸下限与爆炸上限之间称为爆炸范围。浓度在上限以上或下限以下的混合物，则不会着火或爆炸。常见的可燃气体爆炸极限如表3-1所示。

常见可燃气体爆炸极限 表3-1

| 混合空气 | | 爆炸下限（%） | 爆炸上限（%） |
|---|---|---|---|
| 可燃气体 | 空气 | | |
| 一氧化碳 | 空气 | 12.5 | 74.2 |
| 氢 | 空气 | 15.0 | 27.0 |

| 混合空气 | | 爆炸下限（%） | 爆炸上限（%） |
|---|---|---|---|
| 可燃气体 | 空气 | | |
| 甲烷 | 空气 | 5.0 | 15.0 |
| 乙炔 | 空气 | 2.5 | 80.0 |
| 丙烷 | 空气 | 2.1 | 9.5 |
| 硫化氢 | 空气 | 4.3 | 45.5 |
| 氢气 | 空气 | 4.0 | 74.2 |

但上述爆炸极限的概念仅适用于只有一种可爆成分的情况，并且只适用于在完全敞开空间内的爆炸。爆炸过程还受到① 最小点火能量；②可燃性混合物的初始温度；③环境压力；④ 惰性气体及杂质；⑤ 容器的影响。

本研究基于爆炸波模型，在极限的基础上计算了排水管道体系的爆炸极限。根据爆炸波模型，当混合气体燃烧时，燃烧波面上的化学反应可表示为 A＋B→C＋D＋Q。式中，A、B 为反应物；C、D 为产物；Q 为燃烧热。A、B、C、D 不一定是稳定分子，也可以是原子或自由基。化学反应前后的能量变化如图 3-1 所示。

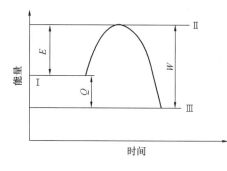

图 3-1　反应过程能量变化

初始状态 I 的反应物（A＋B）吸收活化能达到活化状态 II，即可进行反应生成终止状态 III 的产物（C＋D），并释放出能量 $W$，$W＝Q＋E$。

假定反应系统在受能源激发后，燃烧波的基本反应浓度，即反应系统单位体积的反应数为 $n$，则单位体积放出的能量为 $nW$。如果燃烧波连续不断，放出的能量将成为新反应的活化能。设活化概率为 $\alpha$（$\alpha \leqslant 1$），则第二批单位体积内得到活化的基本反应数为 $\alpha nW/E$，放出的能量为 $\alpha nW^2/E$。后批分子与前批分子反应时放出的能量比 $\beta$ 定义为燃烧波传播系数，为

$$\beta = \frac{\alpha nW^2/E}{nW} = \alpha \frac{W}{E} = \alpha\left(1+\frac{Q}{E}\right) \tag{3-1}$$

当 $\beta<1$ 时：放出的热量越来越少，引起反应的分子数越来越少，不能形成爆炸；

$\beta=1$ 时：反应系统受能源激发后均衡放热，有一定数量的分子持续反应；

$\beta>1$ 时：放出的热量越来越多，引起反应的分子数越来越多，形成爆炸。

爆炸极限时，$\beta=1$，即

$$\alpha\left(1+\frac{Q}{E}\right) = 1 \tag{3-2}$$

假设爆炸下限 $L_下$（体积分数）与活化概率 $\alpha$ 成正比，则有 $\alpha=KL_下$，其中 $K$ 为比例常数。因此

$$\frac{1}{L_{\text{下}}} = K\left(1 + \frac{Q}{E}\right) \tag{3-3}$$

当 $Q$ 与 $E$ 相比很大时，上式可以近似写成

$$\frac{1}{L_{\text{下}}} = K\frac{Q}{E} \tag{3-4}$$

上式近似地表示出爆炸下限 $L_{\text{下}}$ 与燃烧热 $Q$ 和活化能之间的关系。如果各可燃气体的活化能接近于某一常数，则可大体得出

$$L_{\text{下}}Q = \text{常数} \tag{3-5}$$

这说明爆炸下限与燃烧热近于成反比，即是说可燃气体分子燃烧热越大，其爆炸下限就越低。排水管道中，因微生物生化作用，会产生很多可燃可爆气体，如甲烷、硫化氢、一氧化碳、氨气等。这些可燃可爆气体在下水管道中聚集，往往会引发爆炸。假设排水管道中有 $n$ 种可燃可爆气体，由式可知，当 $\beta < 1$ 时，反应体系便不会发生爆炸，此时有

$$\beta = KL\left(1 + \frac{Q}{E}\right) < 1 \tag{3-6}$$

$$Q = \sum_{i=1}^{n} C_i Q_i \tag{3-7}$$

$$E = \sum_{i=1}^{n} C_i E_i \tag{3-8}$$

其中，$C_i$ 为各种可燃可爆气体混合气体中的体积分数（％）。

从上式可推得，在体系不发生爆炸时，应满足

$$L < \frac{1}{K\left(1 + \sum\limits_{i=1}^{n} C_i Q_i \Big/ \sum\limits_{i=1}^{n} C_i E_i\right)} \tag{3-9}$$

在外界条件不变时，$K$、$Q_i$、$E_i$ 均为定值，排水管道中爆炸极限只受各组分浓度影响。对于两组元或两组元以上可燃气体或蒸气混合物的爆炸极限，可应用各组元已知的爆炸极限按照 Chatelier 公式求取。

排水管道中主要有三种可燃可爆气体，分别为甲烷、硫化氢和氨气。据实际情况，若要不发生爆炸，假设排水管道中爆炸气体混合物为三元体系，则排水管道中可燃可爆气体含量应满足下列不等式：

$$L(V_1, V_2, V_3) \geqslant F(V_1, V_2, V_3) \tag{3-10}$$

$$U(V_1, V_2, V_3) \leqslant F(V_1, V_2, V_3) \tag{3-11}$$

其中

$$L(V_1, V_2, V_3) = \frac{1}{\dfrac{1}{V_{\text{可燃}}}\left(\dfrac{V_1}{L_1} + \dfrac{V_2}{L_2} + \dfrac{V_3}{L_3}\right)} \tag{3-12}$$

$U(V_1, V_2, V_3)$：三元可燃气体体系爆炸上限，有以下关系

$$U(V_1, V_2, V_3) = \frac{1}{\dfrac{1}{V_{\text{可燃}}}\left(\dfrac{V_1}{U_1} + \dfrac{V_2}{U_2} + \dfrac{V_3}{U_3}\right)} \tag{3-13}$$

$F(V_1,V_2,V_3)$：三元可燃气体体系爆炸极限

$$F(V_1,V_2,V_3) = \frac{V_{可燃}}{V} = \frac{V_1 + V_2 + V_3}{V_1 + V_2 + V_3 + V_{空气}} \tag{3-14}$$

$$V_{可燃} = V_1 + V_2 + V_3 \tag{3-15}$$

其中，$V_1$、$V_2$、$V_3$：混合气体中可燃气体体积

$L_1$、$L_2$、$L_3$：对应可燃气体爆炸下限

$U_1$、$U_2$、$U_3$：对应可燃气体爆炸上限

由上述公式计算可得，爆炸安全阈值范围应满足如下条件：

$$\frac{1}{\dfrac{1}{V_{可燃}}\left(\dfrac{V_1}{L_1} + \dfrac{V_2}{L_2} + \dfrac{V_3}{L_3}\right)} \geqslant \frac{V_{可燃}}{V};$$

$$\frac{V_{可燃}}{V} \geqslant \frac{1}{\dfrac{1}{V_{可燃}}\left(\dfrac{V_1}{U_1} + \dfrac{V_2}{U_2} + \dfrac{V_3}{U_3}\right)}$$

令 $C_i = \dfrac{V_i}{V}(i = 1,2,3)$，化简得：

$$\frac{C_1}{L_1} + \frac{C_2}{L_2} + \frac{C_3}{L_3} - 1 \leqslant 0 \tag{3-16}$$

$$\frac{C_1}{U_1} + \frac{C_2}{U_2} + \frac{C_3}{U_3} - 1 \geqslant 0 \tag{3-17}$$

令　　　　　$$f(C_1,C_2,C_3) = \frac{C_1}{L_1} + \frac{C_2}{L_2} + \frac{C_3}{L_3} - 1 \tag{3-18}$$

$$\Phi(C_1,C_2,C_3) = \frac{C_1}{U_1} + \frac{C_2}{U_2} + \frac{C_3}{U_3} - 1 \tag{3-19}$$

当 $f(C_1,C_2,C_3) < 0$，$\Phi(C_1,C_2,C_3) > 0$ 时为安全阈值范围。

由式（3-18）知，排水管道中各种气体对爆炸下限的影响：

$$\frac{\partial f}{\partial C_1} = \frac{1}{L_1} + \frac{\partial C_2}{\partial C_1}\frac{1}{L_2} + \frac{\partial C_3}{\partial C_1}\frac{1}{L_3} \tag{3-20}$$

$$\frac{\partial f}{\partial C_2} = \frac{1}{L_2} + \frac{\partial C_1}{\partial C_2}\frac{1}{L_1} + \frac{\partial C_3}{\partial C_2}\frac{1}{L_3} \tag{3-21}$$

$$\frac{\partial f}{\partial C_3} = \frac{1}{L_3} + \frac{\partial C_1}{\partial C_3}\frac{1}{L_1} + \frac{\partial C_2}{\partial C_3}\frac{1}{L_2} \tag{3-22}$$

同理，由式（3-19）知，排水管道中各气体对爆炸上限的影响：

$$\frac{\partial \Phi}{\partial C_1} = \frac{1}{U_1} + \frac{\partial C_2}{\partial C_1}\frac{1}{U_2} + \frac{\partial C_3}{\partial C_1}\frac{1}{U_3} \tag{3-23}$$

$$\frac{\partial \Phi}{\partial C_2} = \frac{1}{U_2} + \frac{\partial C_1}{\partial C_2}\frac{1}{U_1} + \frac{\partial C_3}{\partial C_2}\frac{1}{U_3} \tag{3-24}$$

$$\frac{\partial \Phi}{\partial C_3} = \frac{1}{U_3} + \frac{\partial C_1}{\partial C_3}\frac{1}{U_1} + \frac{\partial C_2}{\partial C_3}\frac{1}{U_2} \tag{3-25}$$

排水道中爆炸气体由细菌生化作用产生，产甲烷菌利用易发酵 COD 作用产生 $CH_4$，硫酸盐还原菌利用硫酸盐和易发酵 COD 作用产生 $H_2S$，$NH_3$ 则由含氮有机物水解产生。

以下为各气体产生的化学方程式：

甲烷
$$CH_3COOH \xrightarrow[k_1]{\text{产甲烷菌}} CO_2 + CH_4$$

$$r_1 = \frac{d\,CH_4}{dt} = k_1\,[CH_3COOH]^\alpha$$

硫化氢
$$CH_3COOH + SO_4^{2-} + 2H^+ \xrightarrow[k_2]{\text{硫酸盐还原菌}} 2CO_2 + 2H_2O + H_2S$$

$$r_2 = \frac{dH_2S}{dt} = k_2\,[CH_3COOH]^\alpha\,[SO_4^{2-}]^\beta\,[H^+]^\gamma$$

$CH_4$ 和 $H_2S$ 生成都需要以易发酵 COD 为原料，$CH_4$ 和 $H_2S$ 生成相互关联。假设硫化氢对甲烷的分配系数为 $\theta$，则有

$$\frac{\partial C_2}{\partial C_1} = \theta \qquad\qquad \frac{\partial C_1}{\partial C_2} = \frac{1}{\theta}$$

$$\frac{\partial C_3}{\partial C_1} = 0 \qquad\qquad \frac{\partial C_2}{\partial C_3} = 0$$

则式（3-20）～式（3-25）为

$$\frac{\partial f}{\partial C_1} = \frac{1}{L_1} + \theta\,\frac{1}{L_2} \tag{3-26}$$

$$\frac{\partial f}{\partial C_2} = \frac{1}{L_2} + \frac{1}{\theta}\,\frac{1}{L_1} \tag{3-27}$$

$$\frac{\partial f}{\partial C_3} = \frac{1}{L_3} \tag{3-28}$$

$$\frac{\partial \Phi}{\partial C_1} = \frac{1}{U_1} + \theta\,\frac{1}{U_2} \tag{3-29}$$

$$\frac{\partial \Phi}{\partial C_2} = \frac{1}{U_2} + \frac{1}{\theta}\,\frac{1}{U_1} \tag{3-30}$$

$$\frac{\partial \Phi}{\partial C_3} = \frac{1}{U_3} \tag{3-31}$$

实际测量排水管道可燃气体浓度时，考虑仪器测试精度 $\delta$ 等随机不可知误差，此时引入正态分布对误差的概率分布进行描述。即

$$C_i : N(C_0, k\delta^2) \tag{3-32}$$

其中，$C_i$：气体浓度测量值；

$k$：不可知误差系数。

三种气体测量时相互独立，将其代入式（3-23）、式（3-24），根据正态分布相关知识得到：

$$f \sim N(f_0, \alpha\delta^2) \tag{3-33}$$

$$\Phi \sim N(\Phi_0, \beta\delta^2) \tag{3-34}$$

其中，$\alpha = \dfrac{k_1}{L_1^2} + \dfrac{k_2}{L_2^2} + \dfrac{k_3}{L_3^2}$，$f_0 = \dfrac{C_1}{L_1} + \dfrac{C_2}{L_2} + \dfrac{C_3}{L_3} - 1$；

$\beta = \dfrac{k_1}{U_1^2} + \dfrac{k_2}{U_2^2} + \dfrac{k_3}{U_3^2}$，$\Phi_0 = \dfrac{C_1}{U_1} + \dfrac{C_2}{U_2} + \dfrac{C_3}{U_3} - 1$。

拓展上述安全判据，下水管道没有爆炸危害时，爆炸引发阈值为

$$f' = f_0 - \Delta f \tag{3-35}$$

$$\Phi' = \Phi_0 + \Delta \Phi \tag{3-36}$$

式中，$\Delta f$、$\Delta \Phi$ 为可燃气体测量引入正态分布概念后 $f$、$\Phi$ 的波动值。

### 3.1.2　污水管道爆炸模型研究

可燃气体甲烷燃烧爆炸过程实际上就是甲烷-空气的混合气体，在一定的条件下遇到火源发生的剧烈的连锁反应，并伴随有高温高压的现象。

可燃气体燃烧爆炸过程，主要是火焰和压力波两方面的作用，表现为灼烧和机械破坏。在气体爆炸过程中，二者是相互影响的，它们之间存在着一定的相互关系。有研究者认为在火焰前方存在压力波，当火焰的传播速度增大时，火焰波追赶压力波，最后叠加形成强冲击波作用。随着火焰的加速，其前面的冲击波也逐渐增强，最后当冲击波的强度达到某一值后，就会引起混合气体的爆轰，即从爆燃转变为爆轰。同时，燃烧学认为火焰按照与氧化剂是否接触分为扩散火焰和预混火焰，或按流体力学特性分为层流火焰和湍流火焰等不同的分类。对管内混合气体爆炸火焰来说，是预混火焰传播。一般认为，管道内混合可燃气体在点火初期为层流火焰，若假定管子很长并设有重复障碍片的情形下，则在障碍片的影响下，火焰局部湍流化，湍流速度增大，湍流与火焰相互激励，火焰传播速度急剧加速，进而发展为爆燃或爆轰过程，这是较为普遍接受的机理。实际生活和工业生产中，可燃混合气体也多数是处在湍流状态下燃烧。

#### 1. 基本数学模型

先建立三维管道内可燃气体爆炸过程中的数学模型。

连续性方程为：

$$\frac{\partial \rho}{\partial t} + \frac{1}{r}\frac{\partial}{\partial r}(\rho v r) + \frac{\partial}{\partial z}(\rho u) = 0 \tag{3-37}$$

轴向方向动量守恒方程为：

$$\frac{\partial(\rho u)}{\partial t} + \frac{1}{r}\frac{\partial}{\partial r}(\rho r v u) + \frac{\partial}{\partial z}(\rho u u) = -\frac{\partial P}{\partial z} + \frac{\partial}{\partial z}\left(2\mu\frac{\partial u}{\partial z}\right) + \frac{1}{r}\frac{\partial}{\partial r}\left[\mu r\left(\frac{\partial u}{\partial r} + \frac{\partial v}{\partial z}\right)\right]$$
$$- \frac{1}{2}f\rho u|u| \tag{3-38}$$

径向方向动量守恒方程为：

$$\frac{\partial(\rho v)}{\partial t} + \frac{1}{r}\frac{\partial}{\partial r}(\rho r v v) + \frac{\partial}{\partial z}(\rho u v) = -\frac{\partial P}{\partial r} + \frac{\partial}{\partial z}\left[\mu\left(\frac{\partial v}{\partial z} + \frac{\partial u}{\partial r}\right)\right] + \frac{1}{r}\frac{\partial}{\partial r}\left(2\mu r\frac{\partial v}{\partial r}\right)$$
$$- \frac{\mu v}{r^2} - \frac{1}{2}f\rho v|v| \tag{3-39}$$

能量守恒方程为：

$$\frac{\partial(\rho h)}{\partial t} + \frac{1}{r}\frac{\partial}{\partial r}(\rho r v h) + \frac{\partial}{\partial z}(\rho u h) = \frac{\partial P}{\partial t} + \frac{\partial}{\partial z}\left(\lambda\frac{\partial T}{\partial z}\right) + \frac{1}{r}\frac{\partial}{\partial r}\left(r\lambda\frac{\partial T}{\partial r}\right) + \omega_f Q_f$$
$$\tag{3-40}$$

组分守恒方程：

$$\frac{\partial(\rho Y_{\mathrm{f}})}{\partial t}+\frac{1}{r}\frac{\partial}{\partial r}(\rho v Y_{\mathrm{f}})+\frac{\partial}{\partial z}(\rho u Y_{\mathrm{f}})=\frac{\partial}{\partial z}\left(\rho D\frac{\partial Y_{\mathrm{f}}}{\partial z}\right)+\frac{1}{r}\frac{\partial}{\partial r}\left(r\rho D\frac{\partial Y_{\mathrm{f}}}{\partial r}\right)-\omega_{\mathrm{f}}$$

$$\frac{\partial(\rho Y_{\mathrm{o}})}{\partial t}+\frac{1}{r}\frac{\partial}{\partial r}(\rho v Y_{\mathrm{o}})+\frac{\partial}{\partial z}(\rho u Y_{\mathrm{o}})=\frac{\partial}{\partial z}\left(\rho D\frac{\partial Y_{\mathrm{o}}}{\partial z}\right)+\frac{1}{r}\frac{\partial}{\partial r}(r\rho D\frac{\partial Y_{\mathrm{o}}}{\partial r})-\omega_{\mathrm{o}}$$

$$(3\text{-}41)$$

化学反应速率方程：

$$\omega_{\mathrm{f}}=A\rho^{(\alpha+\beta)}\frac{W_{\mathrm{f}}^{1-\alpha}}{W_{\mathrm{o}}^{\beta}}Y_{\mathrm{f}}^{\alpha}Y_{\mathrm{o}}^{\beta}\exp\left(-\frac{E_{\mathrm{a}}}{RT}\right) \qquad (3\text{-}42)$$

$$\omega_{\mathrm{o}}=s\cdot\omega_{\mathrm{f}}=sA\rho^{(\alpha+\beta)}\frac{W_{\mathrm{f}}^{1-\alpha}}{W_{\mathrm{o}}^{\beta}}Y_{\mathrm{f}}^{\alpha}Y_{\mathrm{o}}^{\beta}\exp\left(-\frac{E_{\mathrm{a}}}{RT}\right)$$

状态方程： $\qquad P=\rho R_{\mathrm{g}}T$

以上各式中，$A$ 表示指数前因子；$D$ 表示组分的扩散系数（$\mathrm{m^2/s}$）；$E_{\mathrm{a}}$ 表示活能（J/kg）；$h$ 表示单位质量系统总焓（J/kg）；$P$ 表示压力（Pa）；$Q$ 表示燃料的燃烧热（J）；$r$ 表示柱坐标下的径向方向；$R$ 表示通用气体常数 $[\mathrm{J/(mol \cdot K)}]$；$t$ 表示时间（s）；$T$ 表示温度（K）；$u$ 表示轴向速度（m/s）；$\alpha$、$\beta$ 表示指数因子量；$\mu$ 表示黏度（Pa·s）；$\lambda$ 表示导热系数 $[\mathrm{W/(m \cdot K)}]$；$Y$ 表示组分质量百分比；$s$ 表示燃烧一千克氧气的可燃气体质量；$\rho$ 表示密度（$\mathrm{kg/m^3}$）；$v$ 表示径向速度（m/s）；$z$ 表示柱坐标下的轴线方向；$f$ 表示壁面与流体的摩擦系数；$\omega$ 表示燃烧速率。（下标：f 表示燃料；o 表示氧气）

**2. 基本物理模型**

由于管道内可燃气体的三维爆炸过程比较复杂，所以先研究二维情形。本文所使用的二维模型计算区域如图 3-2 所示。

图 3-2　甲烷爆炸的二维模型计算区域示意图

如图 3-2 所示，管道左端为点火端，右端为自由出口，管道中静止的可燃气体 $CH_4$ 在左端被点燃后沿管道方向向自由出口端扩散，从而得到甲烷燃烧爆炸过程中的能量传递过程，其具体尺寸如图 3-2 所示。

$$x=-1\mathrm{mm},\ T=1200\mathrm{K}$$

边界条件：$x=0\mathrm{mm}$，$q=0$；绝热

$$x=600\mathrm{mm}，P=0；自由压力出口$$

$$y=\pm1\mathrm{mm}，q=0；绝热$$

$$y=\pm40\mathrm{mm}，T=300\mathrm{K}$$

初始条件：计算从左端开始，点火源在边界条件中已经设置，这里只设置初始气体浓

度：$CH_4$：0.10；$O_2$：0.22。

**3. 基本规律**

模型中能量因子对爆炸极限压力的影响如图 3-3 所示。

气体成分对爆炸极限压力的影响如图 3-4 所示。

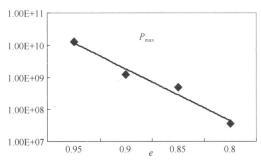
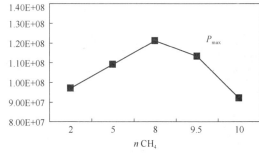

图 3-3　能量因子对爆炸极限压力的影响　　图 3-4　气体成分对爆炸极限压力的影响

可以看出爆炸的极限压力随模型拟定的能量因子降低而指数降低，而爆炸过程中，随甲烷等可爆气体浓度不同极限压力也不相同，最大极限压力出现在中间浓度，这与爆炸化学反应以及能量的耗散速率的具体动力学特征有关。而爆炸的极限压力影响爆炸的破坏效果。

爆炸初期（0.2ms 以内）的温度分布模拟如图 3-5 所示。由图可见爆炸过程是以爆炸波的形式将能量一波一波地向外输送，直至遇见容器壁的限制，此时发射波发生激荡，在

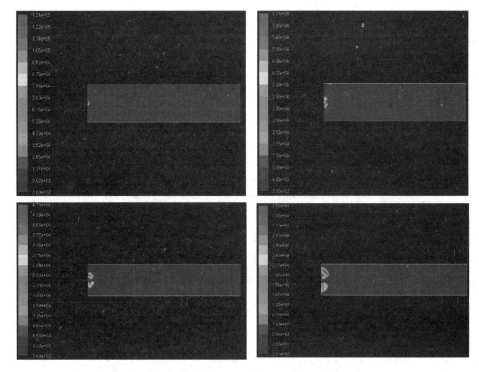

图 3-5　爆炸初期（0.2ms 以内）的温度分布模拟（一）

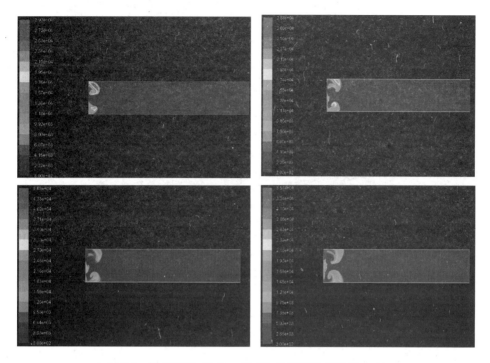

图 3-5 爆炸初期 (0.2ms 以内) 的温度分布模拟 (二)

器壁形成不均匀的冲击 (图 3-6)。

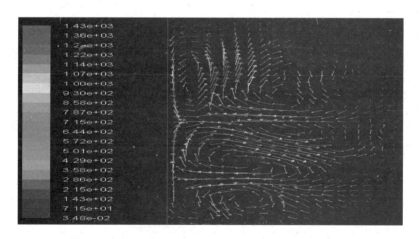

图 3-6 爆炸过程速度矢量的局部模拟放大图

这种非均匀冲击对器壁的破坏比均匀升压更危险，它可以将器壁上的微小缺陷，通过各种拉扯作用加以放大。这一结果对管壁材料的质量提出了更高的要求。

### 3.1.3 爆炸阈值分析及爆炸过程分析

研究通过模拟考察了不同甲烷浓度下的模拟爆炸过程，位置 $X$-压力 $P$ 分布随时间的变化整理如图 3-7～图 3-13 所示 (能量因子 0.8)。

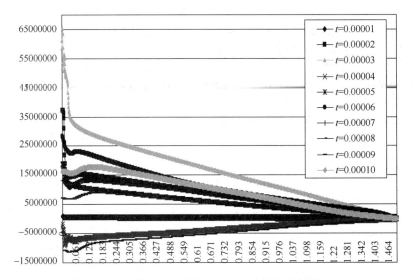

图 3-7　0.7％的 CH$_4$ 浓度下，$X$-$P$ 分布随时间的变化

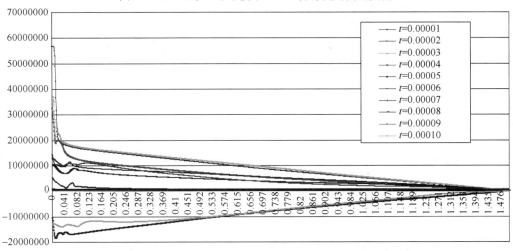

图 3-8　0.8％的 CH$_4$ 浓度下，$X$-$P$ 分布随时间的变化

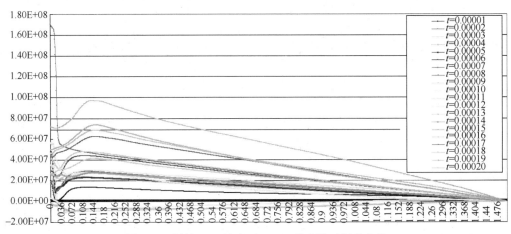

图 3-9　2％的 CH$_4$ 浓度下，$X$-$P$ 分布随时间的变化

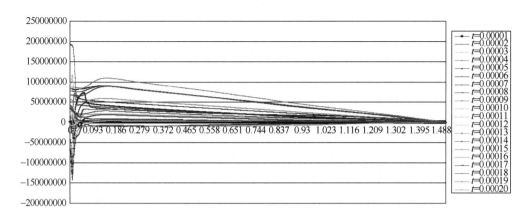

图 3-10 5％的 $CH_4$ 浓度下，$X$-$P$ 分布随时间的变化

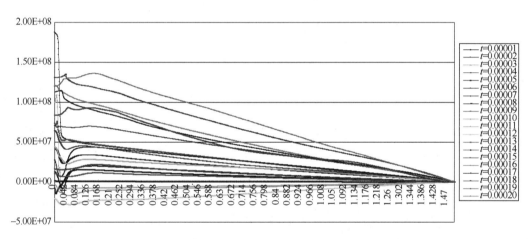

图 3-11 8％的 $CH_4$ 浓度下，$X$-$P$ 分布随时间的变化

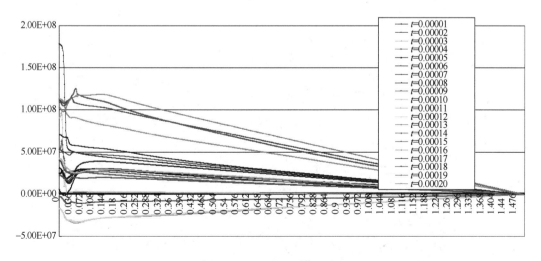

图 3-12 9.5％的 $CH_4$ 浓度下，$X$-$P$ 分布随时间的变化

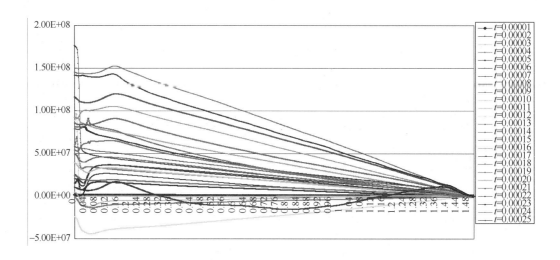

图 3-13　10% 的 $CH_4$ 浓度下，$X\text{-}P$ 分布随时间的变化

结果发现，随 $CH_4$ 浓度不同，$X\text{-}P$ 分布随时间变化规律亦不同。$CH_4$ 浓度较低时，$X\text{-}P$ 分布图上不出现峰值压力，或即使出现也很快衰减；$CH_4$ 浓度较高时，出现显著的压力峰，并且随时间变化，压力峰逐渐向远离点火点的方向推移。这与爆炸波模型相吻合。但在爆炸过程中，器壁实际面对的是压力波的冲击，这冲击具有作用时间短但瞬时值高特性，经过冲击之后，压力迅速下降，乃至出现负压。这对器壁材料的动态抗冲击能力提出新要求，也为管道安全设计提出新要求。采气分析中还发现，在下水道气体中经常存在超出正常浓度的 $CO_2$ 等惰性组分。研究考察了 $CO_2$ 组分对爆炸过程的影响，如图 3-14、图 3-15 所示。可见少量的惰性 $CO_2$ 组分不会显著影响爆炸压力的极限值，但会显著影响爆炸波传输动力学特征。有 $CO_2$ 时爆炸波的传输速率变慢，$X\text{-}P$ 图上压力峰变钝。相关性质有助于缓解管壁缺陷瞬时耐压。

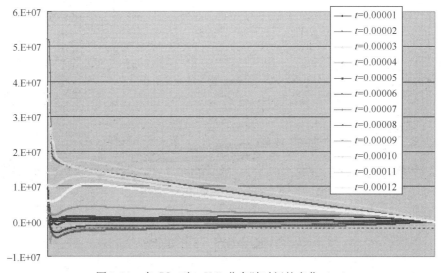

图 3-14　有 $CO_2$ 时，$X\text{-}P$ 分布随时间的变化（一）

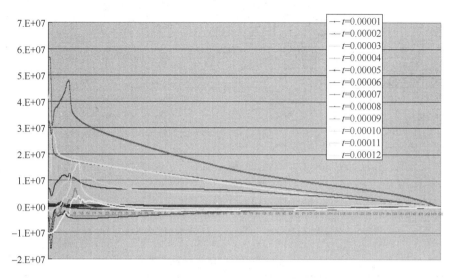

图 3-15 有 $CO_2$ 时，$X$-$P$ 分布随时间的变化（二）

### 3.1.4 污水管道爆炸试验研究

为了对污水管道爆炸模型进行验证和校对，准确确定污水管道爆炸阈值，开展了实验室模拟爆炸试验，从实际中确定爆炸阈值。污水管道气体安全阈值所用研究装置包括配气系统、爆炸腔、点火装置、监测系统四个部分。各种标准气体或高纯气体和空气经配气系统配制出所需测试的混合气体成分和浓度进入爆炸腔，由点火系统在爆炸腔内引爆，监测系统检测爆炸腔内气体成分和浓度，同时检测爆炸前后爆炸腔内温度和压力变化。

**1. $H_2S$ 对爆炸影响的试验结果**

为了更好地研究 $H_2S$ 对爆炸阈值的影响，我们设计了在 $CH_4$ 浓度一定时，通过改变 $H_2S$ 的浓度来观察爆炸情况。

（1）$CH_4$ 浓度为 5.9％时，不同 $H_2S$ 浓度对爆炸阈值的影响（表 3-2、图 3-16）：

1～4 号试验混合气体成分及浓度表　　　　　　　　　　表 3-2

| 试验号 | $CH_4$ | $H_2S$ | $CO_2$ | $O_2$ | $N_2$ |
|---|---|---|---|---|---|
| | （％） | （％） | （％） | （％） | （％） |
| 1 | 5.90 | 0.0000 | 0.03 | 20.9 | 72.93 |
| 2 | 5.90 | 0.0050 | 0.03 | 20.9 | 72.93 |
| 3 | 5.90 | 0.0100 | 0.03 | 20.9 | 72.93 |
| 4 | 5.90 | 0.0150 | 0.03 | 20.9 | 72.93 |

（2）$CH_4$ 浓度为 5.8％时，不同 $H_2S$ 浓度对爆炸阈值的影响（表 3-3、图 3-17）：

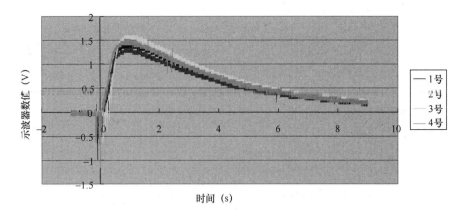

图 3-16　1～4 号温度变化曲线

注：温度值＝122.14$x$＋27.078（$x$ 为示波器数值）

**39～43 号试验混合气体成分及浓度表**　　　　　　表 3-3

| 试验号 | CH$_4$ | H$_2$S | CO$_2$ | O$_2$ | N$_2$ |
| --- | --- | --- | --- | --- | --- |
| | （%） | （%） | （%） | （%） | （%） |
| 39 | 5.80 | 0.0200 | 0.03 | 20.9 | 73.01 |
| 40 | 5.80 | 0.0150 | 0.03 | 20.9 | 73.02 |
| 41 | 5.80 | 0.0100 | 0.03 | 20.9 | 73.02 |
| 42 | 5.80 | 0.0050 | 0.03 | 20.9 | 73.02 |
| 43 | 5.80 | 0.0000 | 0.03 | 20.9 | 73.02 |

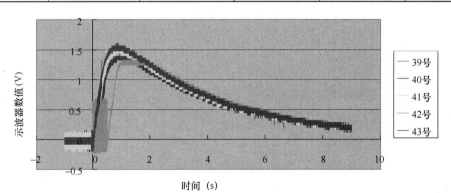

图 3-17　39～43 号温度变化曲线图

注：温度值＝122.14$x$＋27.078（$x$ 为示波器数值）

（3）CH$_4$ 浓度为 5.6%时，不同 H$_2$S 浓度对爆炸阈值的影响（表 3-4、图 3-18）：

**44～48 号试验混合气体成分及浓度表**　　　　　　表 3-4

| 试验号 | CH$_4$ | H$_2$S | CO$_2$ | O$_2$ | N$_2$ |
| --- | --- | --- | --- | --- | --- |
| | （%） | （%） | （%） | （%） | （%） |
| 44 | 5.60 | 0.0200 | 0.03 | 20.9 | 73.19 |
| 45 | 5.60 | 0.0150 | 0.03 | 20.9 | 73.19 |

| 试验号 | CH₄ | H₂S | CO₂ | O₂ | N₂ |
| | (%) | (%) | (%) | (%) | (%) |
|---|---|---|---|---|---|
| 46 | 5.60 | 0.0100 | 0.03 | 20.9 | 73.19 |
| 47 | 5.60 | 0.0050 | 0.03 | 20.9 | 73.20 |
| 48 | 5.60 | 0.0000 | 0.03 | 20.9 | 73.20 |

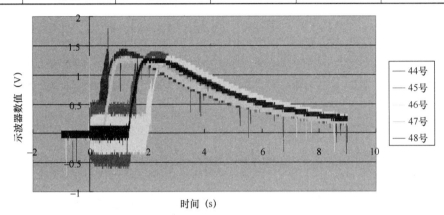

图 3-18　44～48 号温度变化曲线

注：温度值＝ $122.14x+27.078$（$x$ 为示波器数值）

（4）CH₄ 浓度为 5.5％时，不同 H₂S 浓度对爆炸阈值的影响（表 3-5、图 3-19）：

**49～53 号试验混合气体成分及浓度表**　　　　　　　　表 3-5

| 试验号 | CH₄ | H₂S | CO₂ | O₂ | N₂ |
| | (%) | (%) | (%) | (%) | (%) |
|---|---|---|---|---|---|
| 49 | 5.50 | 0.0200 | 0.03 | 20.9 | 73.28 |
| 50 | 5.50 | 0.0150 | 0.03 | 20.9 | 73.28 |
| 51 | 5.50 | 0.0100 | 0.03 | 20.9 | 73.28 |
| 52 | 5.50 | 0.0050 | 0.03 | 20.9 | 73.28 |
| 53 | 5.50 | 0.0000 | 0.03 | 20.9 | 73.29 |

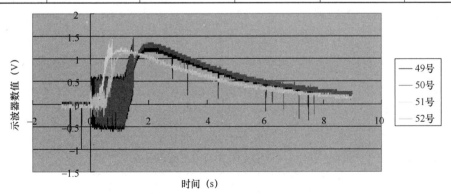

图 3-19　49～52 号温度变化曲线

注：温度值＝ $122.14x+27.078$（$x$ 为示波器数值）

（5）$CH_4$ 浓度为 5.3％时，不同 $H_2S$ 浓度对爆炸阈值的影响（表 3-6、图 3-20）：

**34～38 号试验混合气体成分及浓度表**　表 3-6

| 试验号 | $CH_4$ | $H_2S$ | $CO_2$ | $O_2$ | $N_2$ |
| --- | --- | --- | --- | --- | --- |
| | （％） | （％） | （％） | （％） | （％） |
| 34 | 5.30 | 0.0200 | 0.8 | 20.9 | 72.69 |
| 35 | 5.30 | 0.0150 | 0.8 | 20.9 | 72.70 |
| 36 | 5.30 | 0.0100 | 0.8 | 20.9 | 72.70 |
| 37 | 5.30 | 0.0050 | 0.8 | 20.9 | 72.70 |
| 38 | 5.30 | 0.0000 | 0.8 | 20.9 | 72.70 |

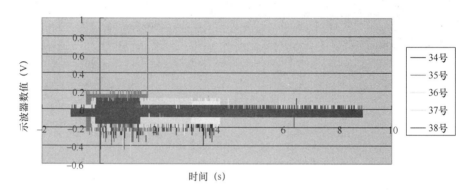

图 3-20　34～38 号温度变化曲线

注：温度值＝122.14$x$＋27.078（$x$ 为示波器数值）

通过对 $i$-$v$ 图表的对比发现：$H_2S$ 对 $CH_4$ 的爆炸阈值并无很大的影响，例如当 $CH_4$ 浓度是 5.3％时并没有因为少量 $H_2S$ 的加入而发生爆炸。通过（1）～（4）爆炸时 $H_2S$ 对波峰出现的影响发现：当 $H_2S$ 的浓度为 0.01％即 100ppm 时对 $CH_4$ 爆炸波峰的出现有稍微的促进作用，使得爆炸温度峰值出现稍微偏高和提前，而其他浓度规律性不强。由此可见，$H_2S$ 的存在对爆炸阈值的影响很小，所以可以忽略 $H_2S$ 对爆炸阈值的影响，$H_2S$ 对污水管道安全的影响主要表现在它的毒性方面。

**2. $CO_2$ 浓度对爆炸的影响**

前面的研究发现，在城市污水管道中，$H_2S$ 对爆炸阈值的影响很小，而在污水管道中仍存在较高浓度的 $CO_2$ 气体，因此有必要对 $CO_2$ 浓度对爆炸阈值的影响开展研究（图 3-21）。

从上图可以看出，管道中所含的少量的 $CO_2$ 对爆炸有一定的抑制作用。

**3. 不同 $CH_4$ 浓度对爆炸的影响（表 3-7、图 3-22）**

**不同试验号的 $CH_4$ 浓度及气体成分表**　表 3-7

| 试验号 | $CH_4$ | $H_2S$ | $CO_2$ | $O_2$ | $N_2$ |
| --- | --- | --- | --- | --- | --- |
| | （％） | （％） | （％） | （％） | （％） |
| 18 | 5.00 | 0.0000 | 0.8 | 20.9 | 72.97 |

续表

| 试验号 | CH₄ (%) | H₂S (%) | CO₂ (%) | O₂ (%) | N₂ (%) |
|---|---|---|---|---|---|
| 23 | 5.10 | 0.0000 | 0.8 | 20.9 | 72.88 |
| 33 | 5.20 | 0.0000 | 0.03 | 20.9 | 73.55 |
| 38 | 5.30 | 0.0000 | 0.8 | 20.9 | 72.70 |
| 52 | 5.50 | 0.0050 | 0.03 | 20.9 | 73.28 |
| 48 | 5.60 | 0.0000 | 0.03 | 20.9 | 73.20 |
| 43 | 5.80 | 0.0000 | 0.03 | 20.9 | 73.02 |
| 1 | 5.90 | 0.0000 | 0.03 | 20.9 | 72.93 |

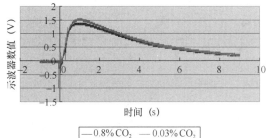

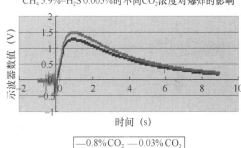

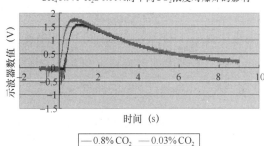

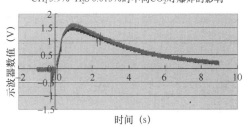

图 3-21 $CO_2$ 浓度对 $CH_4$ 爆炸的影响

注：温度值＝122.14$x$＋27.078（$x$ 为示波器数值）

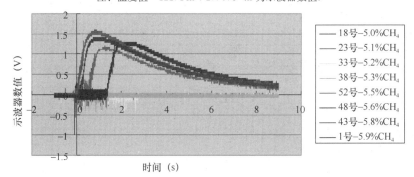

图 3-22 不同 $CH_4$ 浓度爆炸温度变化曲线

注：温度值＝122.14$x$＋27.078（$x$ 为示波器数值）

从图 3-22 可以看出，$CH_4$ 浓度≥5.5%都可以发生爆炸，<5.5%时不能产生爆炸，并且浓度为 5.5% 的 $CH_4$ 比 5.6% 的 $CH_4$ 的爆炸波峰出现早，说明 $CH_4$ 爆炸下极限浓度在 5.5% 左右波动，而在 5.3% 及以下浓度没有发生爆炸的危险，并且 5.5% 浓度的 $CH_4$ 气体发生爆炸也很艰难，要经过数次的电火花点火，所以实验室试验所获得的 $CH_4$ 的爆炸阈值为 5.5%。

### 4. 正交试验设计

为了较为全面地研究爆炸阈值，在实验室试验中采用正交试验。

根据前述所作试验和结果分析，确定试验有 $CH_4$ 和 $CO_2$ 两个因素。根据前面的试验结果 $CH_4$ 的单气体阈值为 5.5%，因此 $CH_4$ 的浓度最低值为 5.4%，取 5 个水平；根据现场检测结果 $CO_2$ 绝大多数的浓度变化范围在 0.03%～2%，另外微生物厌氧发酵产生的 $CH_4$ 和 $CO_2$ 的比例在 5：1，因此在 0.03%～2% 的范围内取 5 个水平，试验因素和水平见表 3-8。

正交试验因素水平表　　　　　　　　　　　　表 3-8

| 水平 | 试验因素 | |
| --- | --- | --- |
| | $CH_4$（%） | $CO_2$（%） |
| | A | B |
| 1 | 5.4 | 0.03 |
| 2 | 5.5 | 0.5 |
| 3 | 5.6 | 0.8 |
| 4 | 5.7 | 1.5 |
| 5 | 5.8 | 2 |

本试验为两个因素试验，每个因素考虑 5 个水平，不考虑交互作用，选用正交试验，选用 $L_{25}$（$5^6$）安排试验。表头设计和试验方案见表 3-9，温度变化曲线见图 3-23～图 3-27。

正交试验方案表　　　　　　　　　　　　表 3-9

| 试验计划 | | | | 试验计划 | | | |
| --- | --- | --- | --- | --- | --- | --- | --- |
| 因素 | $CH_4$（%） | | $CO_2$（%） | 因素 | $CH_4$（%） | | $CO_2$（%） |
| 列代号 | A | | B | 列代号 | A | | B |
| 试验号 | 水平号 | 水平值 | 水平号 | 试验号 | 水平号 | 水平值 | 水平号 |

| 试验号 | 水平号 | 水平值 | 水平号 | 水平值 | 试验号 | 水平号 | 水平值 | 水平号 | 水平值 |
| --- | --- | --- | --- | --- | --- | --- | --- | --- | --- |
| 1 | 1 | 5.4 | 1 | 0.03 | 9 | 2 | 5.5 | 4 | 1.5 |
| 2 | 1 | 5.4 | 2 | 0.5 | 10 | 2 | 5.5 | 5 | 2 |
| 3 | 1 | 5.4 | 3 | 0.8 | 11 | 3 | 5.6 | 1 | 0.03 |
| 4 | 1 | 5.4 | 4 | 1.5 | 12 | 3 | 5.6 | 2 | 0.5 |
| 5 | 1 | 5.4 | 5 | 2 | 13 | 3 | 5.6 | 3 | 0.8 |
| 6 | 2 | 5.5 | 1 | 0.03 | 14 | 3 | 5.6 | 4 | 1.5 |
| 7 | 2 | 5.5 | 2 | 0.5 | 15 | 3 | 5.6 | 5 | 2 |
| 8 | 2 | 5.5 | 3 | 0.8 | 16 | 4 | 5.7 | 1 | 0.03 |

| 试验计划 | | | | 试验计划 | | | |
|---|---|---|---|---|---|---|---|
| 因素 | $CH_4$（%） | | $CO_2$（%） | 因素 | $CH_4$（%） | | $CO_2$（%） |
| 列代号 | A | | B | 列代号 | A | | B |
| 试验号 | 水平号 | 水平值 | 水平号 | 水平值 | 试验号 | 水平号 | 水平值 | 水平号 | 水平值 |
| 17 | 4 | 5.7 | 2 | 0.5 | 22 | 5 | 5.8 | 2 | 0.5 |
| 18 | 4 | 5.7 | 3 | 0.8 | 23 | 5 | 5.8 | 3 | 0.8 |
| 19 | 4 | 5.7 | 4 | 1.5 | 24 | 5 | 5.8 | 4 | 1.5 |
| 20 | 4 | 5.7 | 5 | 2 | 25 | 5 | 5.8 | 5 | 2 |
| 21 | 5 | 5.8 | 1 | 0.03 | | | | | |

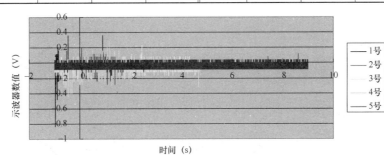

图 3-23　1～5 号温度变化曲线

注：温度值 $T$（℃）$=122.14x+27.078$（$x$ 为示波器数值）

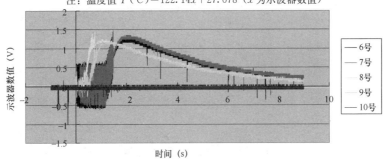

图 3-24　6～10 号温度变化曲线

注：温度值 $T$（℃）$=122.14x+27.078$（$x$ 为示波器数值）

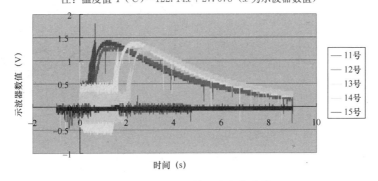

图 3-25　11～15 号温度变化曲线

注：温度值 $T$（℃）$=122.14x+27.078$（$x$ 为示波器数值）

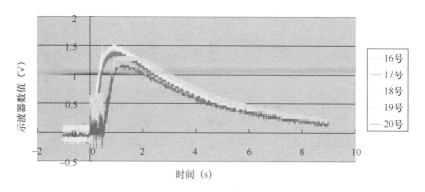

图 3-26　16～20 温度变化曲线

注：温度值 $T(℃)=122.14x+27.078$（$x$ 为示波器数值）

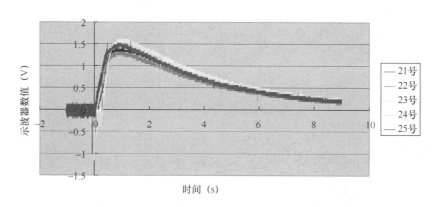

图 3-27　21～25 号温度变化曲线

注：温度值 $T(℃)=122.14x+27.078$（$x$ 为示波器数值）

研究结果表明：$CO_2$ 对爆炸有一定的抑制作用，当 $CH_4$ 浓度为 5.5% 时，较高浓度的 $CO_2$ 可以抑制爆炸的发生；对于较高浓度的 $CH_4$，$CO_2$ 不起抑制作用。对于爆炸阈值不能单纯地考虑 $CH_4$ 爆炸下限，同时还要考虑 $CO_2$ 的影响。但是对于城市污水管道爆炸气体监测，考虑到经济成本的因素，可以不安装 $CO_2$ 监测器，将 $CH_4$ 爆炸阈值定为 5.5% 更经济安全。

## 3.2　多功能城市污水管道有害性气体安全监控设备开发

### 3.2.1　污水管道有害性气体安全监控系统组成

污水管道有害性气体安全监控系统利用现代信息技术，通过建立覆盖城市地下管网的实时多参数监测系统，实时了解城市管网的相关信息，如：$CH_4$、$H_2S$ 等污染物等。使相关管理者能实时了解地下管网内的实际情况，以达到提前探知，防患于未然的最终目的。

按布置位置，系统可分为监测中心（SC）和监测单元（STU）两大部分：SC 系统包含系统控制软件、SQL 数据库和服务器等其他必要硬件设备；STU 系统包含气体采集处理器（PNS）和城市安全综合监测处理分站（PNC）。

系统包括实时数据采集模块、报警分级管理模块、权限管理模块、命令部署模块、联动指挥系统、设备管理、GIS 地图显示、专家辅助决策系统、历史数据分析、管理日志、报表分析。

针对不同的环境和危险程度，进行分级评估，自主创新设计了不同的数据采集、传输方式，采用了 GPRS/CDMA 与 WSN 无线传感器网络相结合的方式，可实现多种工作模式：

（1）一般场所如小区污水管道、一般街道，采用传统的 GPRS/CDMA 方式进行数据传输。

（2）人员密集或安全要求比较重要的场所：如商业中心、广场等，可能需要设置较多监测点的位置，使用无线传感器网络技术与 GPRS/CDMA 相结合，在相应位置设立无线采集点，通过无线传感器网络采集覆盖范围内的现场监测数据，再通过有线或 GPRS/CDMA 传送至监控中心。

（3）在大部分危险程度较低的场所，可由有关人员携带具有 GPRS/CDMA 无线传输功能的手持式设备进行采集，并及时传输至监控中心。

通过多种工作模式的结合，实现了全系统分布集中式监测、控制，在有效地保障安全的同时，又极大地降低整个系统的造价和费用，可完全满足污水管道的实时监测需要（图 3-28）。

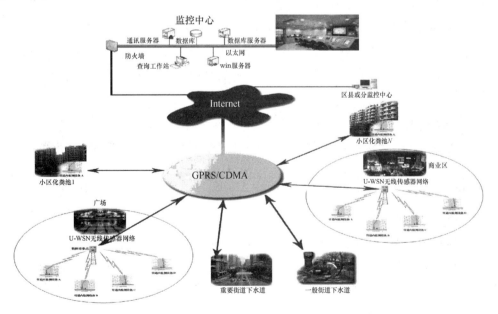

图 3-28　污水管道有害性气体安全监控系统示意图

系统从底层逐级向上分为信息采集、汇集处理、传输网络和监控中心四个层次。监控中心通过传输网络和现场汇集点采集并获取现场数据；可直接操作现场监测仪器，取得监测数据，执行控制动作，并接收报警信息。

### 3.2.2　污水管道有害性气体安全监控系统功能

根据系统网络结果（图 3-29），污水管道有害性气体安全监控系统具有以下功能。

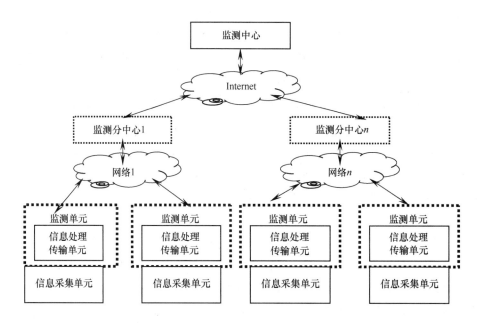

图 3-29　污水管道有害性气体安全监控系统网络结构图

**1. 在线监测及实时报警**

实现多种危险源的实时在线监测，如：甲烷、硫化氢等监测，实时反映危险源的状态以及电源电池运行情况，当发现超过预警值和报警值时，发出相应的报警和通知，实现超标告警、设备故障告警等功能。

**2. 远程集中控制功能**

监测中心可根据管理维护的需要，远程设定调整预警阀值、报警阀值，实现集中管理维护，以达到精细化管理的目的。

**3. 智能控制**

当危险源出现异常时，监测单元将自动判别危险等级，采取自动调整监测频度、控制其他自动化设备等相应措施，并同时发出预报警信息。

**4. GIS 地图定位**

以直观可视的方式精确显示监测点位置，方便快速查询危险源，当出现异常时，便于快速到达现场。

**5. 分域、分级管理**

在科学分析的基础上，根据监测点所处位置属性，按重要区域、次重要区域、一般区域实行分域管理；根据报警阀值的高低，设定红、黄、绿三级预报警级别。实现对不同的监测点按所处区域级别的不同设置相应监测规则和报警规则。

**6. 联动指挥**

当发生异常情况时，监测中心能及时发出预警或报警信息，并让管理维护人员及时知晓或作出相应的应对措施。

**7. 专家辅助决策**

可预先输入专家提出的各种危机预警方案，当发生异常时，自动弹出针对性的预警方案，以辅助相关人员快速决策。

**8. 数据分析**

可对指定时间段历史数据进行统计和分析并以图表显示。

### 3.2.3 污水管道有害性气体安全监控系统特点

整个污水管道有害性气体安全监控系统具有以下特点。

**1. 理念先进**

应用现代安全工程理论，结合中国城市特点，带来了下污水管道管理由被动式向主动式管理模式的根本性转变。

**2. 技术先进**

自主研发的 MAST 技术融合了先进的传感器技术、无线通信技术，实现了监测单元的模糊智能控制；先进的软件系统采用了 GIS、数据挖掘和数据仓库等技术。

**3. 系统完善**

功能强大，可实现多种监测对象的实时在线监测。

**4. 稳定可靠**

在认真分析国内外先进技术的基础上，潜心研发，自主创新研发了 PNC 及 PNS 等系列产品，是专门针对污水管道有害性气体而开发的监测单元，创造性地解决了防水、防腐、防爆问题，能在各种恶劣环境下可靠地工作。

**5. 针对性强**

在认真分析和研究的基础上，首次提出了分域分级管理的系统架构。

**6. 远程可控**

监测单元具有多个控制接口，可外接其他自动化设备，如：喷淋、抽风等，并通过控制中心进行远程操作，有效地消除事故隐患。

### 3.2.4 安全监控设备技术参数及技术方案

如图 3-30 所示，整个系统分为现场采集处理和监控中心两部分。其中，现场采集设备从外置传感器采集数据，并对数据进行报警判断和数据上传。监控中心负责收集各个现场采集设备的采集结果，以供系统操作人员使用，并根据监控中心的要求对现场的抽放风机进行动作。

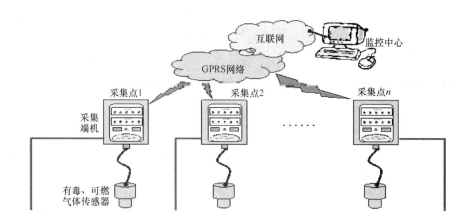

图 3-30　系统应用示意图

现场采集设备也由两部分组成，分别为城市安全综合监测处理分站、外置传感器。针对污水管道内湿度大、腐蚀性较强等特点，开发了采集端端机（PNC100）和气体采集处理器（PNS100）。

采集端机（城市安全综合监测处理分站）型号为 PNC100（下文简称 PNC），其具有以下特点：

（1）整机采用高强度聚酯材料外壳，具有 IP65 防护等级（防尘、防水喷淋）；

（2）市电 220V 供电，整机最大功耗小于 10W；

（3）内置备用电池，在市电中断时可持续供电 4h 以上；

（4）可通过 RS485 接口获取可燃性气体传感器的采样数据；

（5）输出符合安全要求的电源（12V 最大 400mA）供外部传感器使用；

（6）内置高精度实时时钟，支持外部校时；

（7）内置温度及电压等测量功能，方便维护人员了解设备运行状态；

（8）在 GPRS 通信不畅时，最多可缓存 100 条采样数据，在恢复通信后可补齐服务器数据；

（9）内置大容量 Flash 器件，可记录设备运行日志信息，通过通信接口可获取记录以备查询；

（10）适配太阳能供电系统，即使在边远偏僻地点也能方便地施工和可靠工作；

（11）根据监测对象的状态特征，适时地开启排风装置，有效、快速降低池内的有害气体浓度。

有毒可燃气体传感器（气体采集处理器）型号为 PNS100（下文简称 PNS），其具有以下特点：

（1）针对污水管道恶劣复杂应用环境设计的一体化设备，适用性强。

（2）整机经权威机构监测认证，防爆等级本质安全型。

（3）外壳防护等级 IP65，防护性能高，可有效保护设备与元器件。

（4）防腐等级 WF2 级，有效保证设备在污水管道等强腐蚀环境下的正常运行，延长设备使用寿命。

（5）独特结构设计，耐水浸，保证传感器探头监测结果的有效性。PNS100 外形如图 3-31 所示，PNS100 主要技术参数见表 3-10。整机外形及接口形式在保证功能要求的情况下，可能会因为设计选型不同而有所变化（图 3-32、图 3-33）。

图 3-31　PNS100 设备图

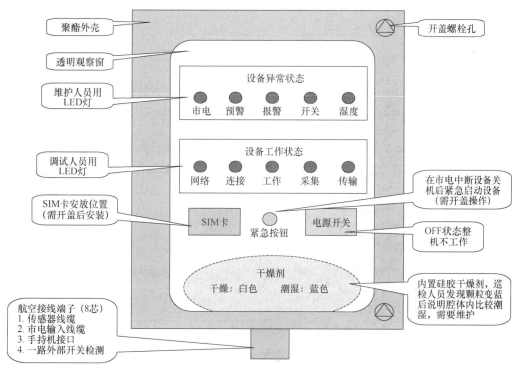

图 3-32　PNS100 外观示意图

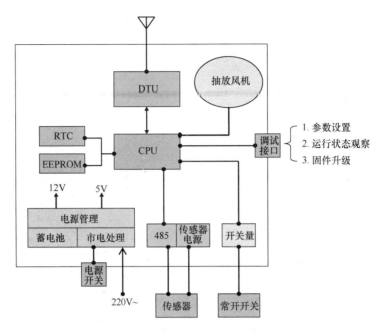

图 3-33　PNS100 内部结构框图

**PNS100 主要技术指标**　　　　　　　　　　表 3-10

| 类型 | 参数 | 指标 | 备注 |
|---|---|---|---|
| 基本参数 | 工作电压 | 220V 交流市电 | 电压范围 160～250V |
| | 工作温度 | −10～65℃ | 无凝结 |
| | 备用电池正常供电时间 | ≥4h | 在电池充满电时 |
| | 采集类型 | 1 路 RS-485 采集<br>1 路开关监测 | 按指定通信协议与传感器通信开关监测为干结点监测 |
| 通信参数 | 通信类型 | GPRS | GPRS CLASS B |
| | GPRS 网络传输速率 | 理论：171.2Kbps | 实际与当地网络情况有关，约为：40～100Kbps |
| 设备信息 | 工作点 ID | 可设置 | |
| | 设备 ID | 可设置 | |
| | 固件代码 | 可设置 | |
| 数据采集 | 传感器采样间隔 | 30s | |
| | 数据上传间隔 | 1～99min | 可设置 |
| | 采样结果预警值 | 0～100% | 可设置 |
| | 采样结果报警值 | 0～100% | 可设置 |
| 时钟 | 实时时钟精度 | ±1min | 每 24h |
| | 实时时钟校正方式 | 手持机校正 | |
| 数据备份 | 备份信息内容 | 传感器数据、记录时间、开关量状态、电压、温度、发送标志等 | 仅备份需要传送的数据可使用手持机取数 |
| | 备份信息数量 | ≥100 条 | 循环覆盖记录 |

| 类型 | 参数 | 指标 | 备注 |
|---|---|---|---|
| | 设备清单 | 1. PNS100 端机一台<br>2. 墙壁安装附件一套<br>3. 带线对接端子一副 | |

该设备的工作就是周期性地通过 RS-485 接口从外部传感器获取采集结果，并将采集的结果作一定的滤波处理后，与预设的预警值和报警值进行比对，如果出现超限值将使设备进入非正常状态，并立即将该采样值发送至监控中心。设备工作过程中，会根据所采集的结果是否超过预设值来决定该数据是否需要立即发送，如果是正常数据则按预设的传输周期向监控中心发送。状态转换关系如图 3-34 所示。

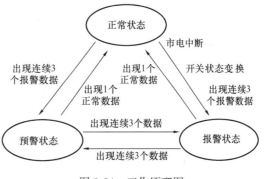

图 3-34 工作原理图

设备是周而复始地完成采集、判断和传输的工作，其采样周期固定为 30s，传输周期按设定值工作。采样和传输的示意图见图 3-35。

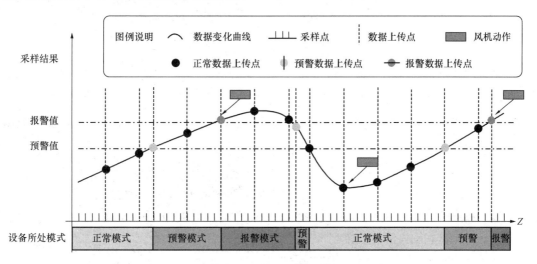

图 3-35 采样传输示意图

当被测气体浓度超过设定的报警值，并且是连续多次超过报警值时，则判断为气体浓度高，立即启动信息发送流程，向上级报告参数和状态。同时，启动本地的排风风机，排风风机的工作时间最小为 5min，若 5min 后被测气体浓度依然为报警状态，则再次启动风机工作，直到浓度降低为止。

同时，该设备还能对电源进行自动管理，设备一共有四种电源工作模式，模式转换关系如图 3-36 所示，示意如图 3-37 所示。

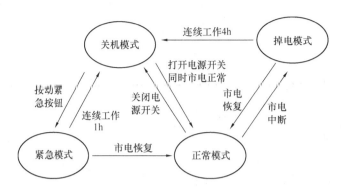

图 3-36　设备模式转换图

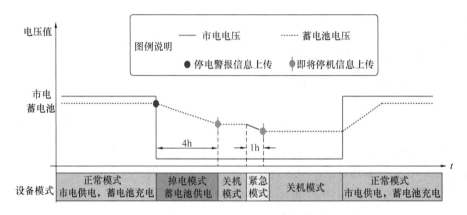

图 3-37　电源管理示意图

紧急模式：在该模式下连续工作 1h 后关机；

掉电模式：在该模式下连续工作 4h 后关机。

该产品必须正确安装及设置后才能达到预期的设计要求，安装分为室内预操作和现场施工两部分（图 3-38）。

室内预操作部分包括安装 SIM 卡和设备工作参数设置，步骤如下：

（1）打开设备上盖，将与机器对应的 SIM 卡插入设备中；

（2）用串口线将设备与计算机相连，在计算机上打开设备配置软件；

（3）将机器内的电源开关拨到 ON 的位置；

（4）将 PNS100 接入市电，设备得电工作；

（5）在计算机上用配置软件配置好参数（目标服务器地址、设备 ID 码等）；

（6）退出配置工具，重新开关设备电源开关；

（7）设备"连接"LED 灯点亮后表示设备连接服务器成功；

（8）断开市电后观察"市电"LED 灯是否亮红灯，如果是则表示内部备用电池工作正常；

（9）先关闭电源开关，在所有 LED 灯熄灭后再将电源开关拨至 ON 位置；

（10）拧紧设备上盖，并检查气密性。

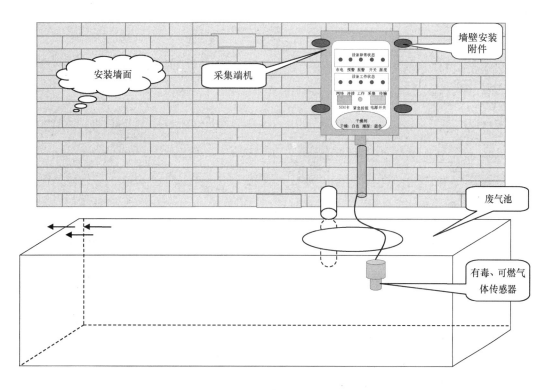

图 3-38 设备安装示意图

现场施工部分包括传感器连接和上电投入工作,步骤如下:

(1) 将传感器接头与 PNS100 相连并拧紧;

(2) 将 PNS100 安装固定到墙面指定位置;

(3) 将 PNS100 接入市电,设备得电工作(工作 LED 灯闪烁);

(4) 观察 LINK 灯是否点亮来判断设备是否连接上监控中心服务器。

## 3.3 污水管道有害气体监控及预警系统开发

基于上述研究所获得的污水管道中 $CH_4$ 气体爆炸阈值为 5.5% 的结果,结合污水管道有害气体安全监控设备,进行信息系统开发,形成了污水管道有害气体监控及预警系统。

### 3.3.1 污水管道有害气体安全监控软件系统的开发内容及功能

污水管道有害气体安全预警系统有数据采集处理和安全评价预警两大模块,实现的主要功能包括:采集、监测、控制、存储、计算处理、安全评价及预测、通信等。在本方案中,主要研究开发基于 GPRS 的实时预警预报系统,实现对污水管道设施实时预警预报。本系统的构成如图 3-39 所示。

污水管道有害气体安全预警系统由数据采集模块、实时分析模块、数据传输模块、数

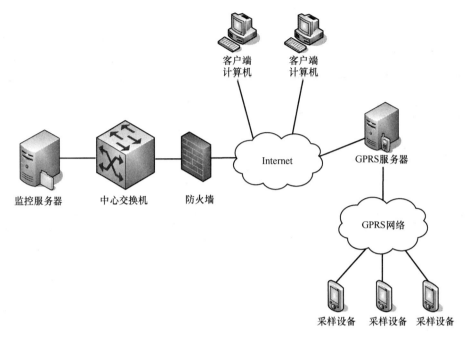

图 3-39　预警预报系统构成图

据处理模块、预警功能模块等组成。

（1）数据采集模块：对下污水管道内的 $CH_4$、$H_2S$ 等有害气体的成分、浓度等参数每隔 30s 进行在线数据采集。

（2）实时分析模块：对采集到的数据进行分析、比较，判断有害气体的浓度是否超过规定的阀值门限。

（3）数据传输模块：完成定期/不定期（有害气体浓度超标时）的有害气体成分、浓度等监测数据的传输。

（4）数据处理模块：对来自传感器网络的数据进行进一步的分析、过滤、存储等智能处理，并支持对历史数据的查询、修改和删除等功能。

（5）预警功能模块：接收数据处理模块输出的告警数据，并以声、光等形式向管理人员发出警报。同时，支持严重、重要、一般、提示等告警级别。

### 3.3.2　污水管道有害气体安全监控软件系统关键技术

污水管道有害气体安全监控中的后台管理、控制及应用系统开发中，主要在 Visual Studio 2008、.Net Framework 3.5 和 SQL Server 2008 环境下进行开发，易于部署和维护，符合目前软件开发工具发展趋势和污水管道有害气体安全监控工作的主流环境。

**1. Visual Studio 2008 功能**

Microsoft Visual Studio 2008 使开发人员能够快速创建高质量、用户体验丰富而又紧密联系的应用程序，充分展示了 Microsoft 开发智能客户端应用程序的构想。借助 Visual Studio 2008，采集和分析信息将变得更为简单便捷，业务决策也会因此变得更为有效。

任何规模的组织都可以使用 Visual Studio 2008 快速创建更安全、更易于管理并且更可靠的应用程序。

Visual Studio 2008 在三个方面为开发人员提供了关键改进：

(1) 快速的应用程序开发；

(2) 高效的团队协作；

(3) 突破性的用户体验。

Visual Studio 2008 提供了高级开发工具、调试功能、数据库功能和创新功能，帮助在各种平台上快速创建当前最先进的应用程序。

**2. SQL Server 2008 功能**

SQL Server 2008 是微软全新一代的企业数据库产品，基于 NET，无缝集成 Visual Studio. NET。可以集成自定义的 CLR Assembly，建立自己的逻辑业务关系。SQL Server 2008 提供了公司可依靠的技术和能力，具有在关键领域方面的显著的优势，是一个可信任的、高效的、智能的数据平台。

**3. 集成数据驱动技术**

数据存储采用 Microsoft SQL Server 2008，其一，Microsoft SQL Server 2008 是微软最新版本的数据库，在性能、安全等方面都有较大的提高，也方便向后兼容，易于扩展；其二，也是最为重要的，Microsoft SQL Server 2008 增加了对地理空间数据类型的支持，可以将空间数据存储在数据库中，在数据完整性、约束性等方面可以较好地集成。

**4. 系统 C/S 架构**

C/S（Client/Server，客户端/服务器）模式又称 C/S 结构。它随着 Internet 技术的兴起而得到广泛的应用。

传统的二层 C/S 结构存在以下几个局限：它是单一服务器且以局域网为中心的，所以难以扩展至大型企业广域网或 Internet；受限于供应商；软、硬件的组合及集成能力有限；难以管理大量的客户机。

因此，本系统采用了新的三层 C/S 架构，三层 C/S 结构将应用功能分成表示层、功能层和数据层三部分。其解决方案是：对这三层进行明确分割，并在逻辑上使其独立。原来的数据层作为 DBMS 已经独立出来，所以关键是要将表示层和功能层分离成各自独立的程序，并且还要使这两层间的接口简洁明了。

三层 C/S 架构将功能层和数据层分别放在不同的服务器上，因此其灵活性很高，能够适应客户机数目的增加和处理负荷的变动。例如，在追加新业务处理时，可以相应增加装载功能层的服务器。因此，系统规模越大这种形态的优点就越显著。

值得注意的是：三层 C/S 结构各层间的通信效率若不高，即使分配给各层的硬件能力很强，其作为整体来说也达不到所要求的性能。此外，设计时必须慎重考虑三层间的通信方法、通信频度及数据量。这和提高各层的独立性一样是三层 C/S 结构的关键问题。

本系统集成 Visual Studio 2008、. Net Framework 3.5 和 SQL Server 2008 技术，用 C♯ 语言进行开发，设计并实现了基于数据驱动事件的污水管道有害气体监测管理信息系统。

### 3.3.3　系统运行环境

**1. 系统软件环境**

服务器端：Windows 2003 以上；

客户端：Windows XP 及以上；

数据库：Microsoft SQL Server 2008；

开发工具：Microsoft Visual Studio 2008。

**2. 系统硬件环境**

CPU：2.8GHz 以上；

内存：最低要求为 1G，推荐 2G 或以上。

**3. 系统架构及流程**

系统的总体架构如图 3-40 所示，从结构图中可以看出，系统采用 C/S 体系结构，前台客户端定期与服务器交互数据，利用 C/S 软件表现能力强的优点，可以向用户展示尽可能多的监控信息，同时系统响应速度快。

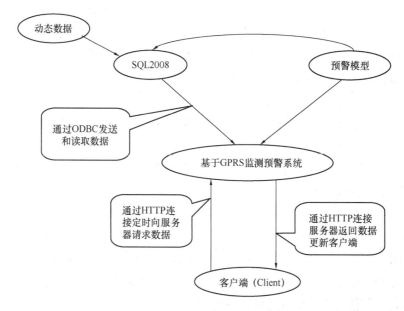

图 3-40　系统构架及流程图

本系统由表示层、功能层和数据层组成。表示层由客户端软件构成。用户通过客户端软件与服务器进行交互，允许用户主动提出数据请求。主要提供人机交互的界面，展示客户的请求及反馈的应答。主要功能包括：地图的放大、缩小、移动等操作；空间矢量图形的分层显示与管理；下水道属性数据的查询等。客户端软件不断发出连接请求，经过封装打包并加密处理后，请求到达系统服务器，服务器根据客户端的请求返回新数据或超时响应重新连接。

功能层主要是处理客户端的请求，调用位于应用服务器上的业务逻辑完成对信息的查询和修改等操作，并生成结果页面返回给用户。主要功能包括：通过 HTTP 和客户端通信，将客户端请求转给应用服务器；并将应用服务器处理结果返回给表示层；空间数据分析与组织；按特定的要求取出满足条件的空间信息，组织成地图格式或图像格式，然后送给用户。数据层主要作用是存储数据，由 SQL2008 来实现。采集的动态数据直接传送到 SQL 数据库，通过预警模型，与设定的监测指标限值进行比对分析，直接更新相关节点数据。

### 3.3.4　系统主要功能的实现

污水管道有害气体监测管理信息系统建设的总体目标是在计算机软硬件及网络支持下，利用网络通信传输技术建立一个以多源、数字化的基础地理空间数据为基础，叠加各种下水道气体数据信息的系统，实现下水道气体历史资料检索、统计、显示等功能（图 3-41）。

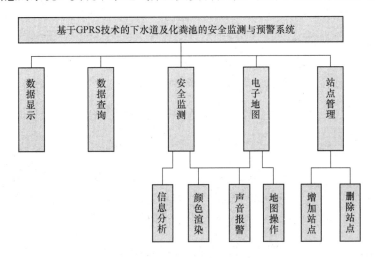

图 3-41　系统功能模块示意图

**1. 数据显示**

本系统的功能之一，就是要帮助环境管理部门的监测员及时、准确地掌握监测点的监测指标变化情况，以便能提早预测险情的发生，准确定位，早处理、早预防。实现对监测数据的实时显示，采用动态折线图＋实时数据的形式展示，可以对监测参数进行单画面显示。

传感器网络对污水管道内的 $CH_4$、$H_2S$ 等有害气体的成分、浓度等参数每隔 3～5s 会进行在线数据采集，将采集到的数据传至服务器。

**2. 数据查询**

系统提供查询功能，用户可以查看任一监测点的实时数据。为了使操作直观、方便，软件设计以用户在地图上由查询者自行选择查询点查询的方式，查询结果以列表形式列出。系统提供查询功能，用户可以查看任一监测点的实时数据。用户可选择适当的查询依据，按时间、按天、按周、按年，历史查询等进行查询，查询结果以列表形式列出，还可以根据查询结果绘制曲线图。

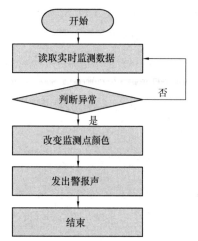

图 3-42　安全监测模块流程

**3. 安全监测**

流程如图 3-42 所示，系统对某些危险气体监测指标值设上下限，将监测点采集到的数据传输到系统中，进行比对分析，并在监测地图上显示。当监测点某种有害气体含量超过限值时，监测地图上将对改点区域进行颜色渲染提示，同时发出警报声报警提示，及时将井下异常情况反映给相关监测员，引起管理部门重视，以便及时进行处理，防止因有害气体含量超标引起的环境污染事故发生。

**4. 站点管理**

系统允许管理员根据日常工作需要增加或删除监测站点，或对监测站点的基本信息进行修改，以适应日常工作的需求。

在实际监测应用中，监测点数量和地点并不是一成不变的，它会随着城市的发展、城市某一区域居住人口和工业设施的增加、迁移等原因而改变。因此，系统设计的站点管理功能主要是允许用户在地图上增加或删除站点，以适应实际监测的应用。

### 3.3.5　系统界面

系统为了安全性考虑，必须在身份认证界面首先进行身份认证后进入主界面。系统主界面中，左边是站点列表，如果某点报警，则自动显示该报警点信息。中间是地图显示窗口，在监测点上方悬停鼠标显示该监测点的监测参数（图 3-43）。

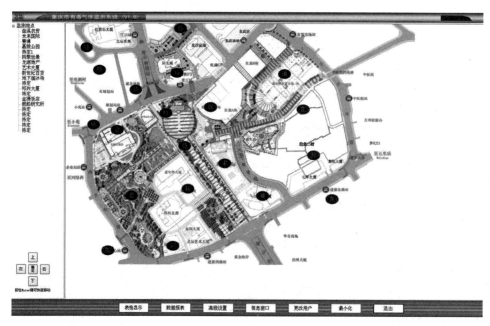

图 3-43　系统主界面

　　用户可通过客户端添加站点，主要包括站号、站点名称、发送间隔、城市管理部件代码、预警阈值和报警阈值等参数（图 3-44）。

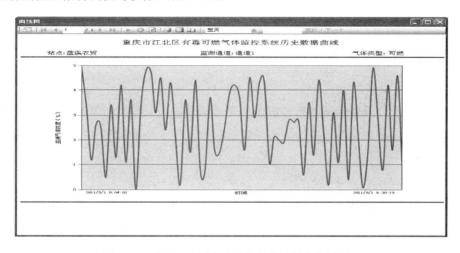

图 3-44　系统显示历史监控数据并绘制曲线图界面

# 第4章　城市排水管道的水力清淤技术

随着排水管道的长期运行，目前国内外众多城市的排水管道都出现了不同程度的淤积问题。排水管道的淤积会降低整个排水系统的功能，其多是由于管道系统中的泥沙以及悬浮固体物沉积所引起的。

排水管道中的污水从坡度大的排水支管流入坡度小的排水干管后，其流速减小，污水中携带的泥沙和悬浮固体物很容易在坡度小、管径大的干管中沉积下来，从而造成排水管道淤积。对于合流制排水管道，其设计流量是按照雨季雨污合流的流量来设计的。管道在旱季接纳污水的流量和管道内污水的流速均远小于雨季值，这使得在雨季可被污水顺利带走的大颗粒悬浮物在旱季时沉积下来，进而引起排水管道淤积。排水管道中的淤积物如石头、砖块、塑料袋、树枝等会使管道内污水流速降低，并截留油脂和漂浮物，从而降低管道的输送能力，加剧排水管道的淤积。此外，由于居民向下水道乱倒垃圾杂物，建设工地的水泥砂浆进入下水道，排水管道自身设计坡度不够，以及管道在运行初期输送的污水流量小，流速偏小等原因，均会导致城市排水管道内发生沉淀和淤积。当排水管道内的淤积物达到一定程度时，管道的输送能力会急剧下降，淤积物淤积的速度也逐渐加快，最终造成管道发生堵塞。

城市排水管道若发生淤积而不及时清理，不仅会造成管道堵塞影响整个排水系统的正常运行，而且会对水体造成极大危害。淤积物的存在会使排水管道中的水流阻力显著增加，排水管道淤积物中的有机物含量较高，且大多处于缺氧甚至是厌氧的条件下，高浓度的有机物在微生物的作用下，经过一系列的生化反应会产生有毒有害气体如 $H_2S$ 等，并最终将其转换成为酸性物质而腐蚀管道，从而降低排水管道的使用寿命。排水管道腐蚀后会增大管道的漏损量，管道淤积物中可溶性的金属物质和有机污染物会影响地下水的安全。排水管道中淤积物淤积后产生的重要影响还体现在其中存在的污染物在雨水径流的冲刷作用下重新释放进入城市水体而造成污染。有研究表明，在合流制管道溢流产生的污染物总量中，约有80%的污染负荷来自于排水管道内的淤积物；对于分流制排水系统，淤积物经雨水径流的冲刷后，污染物直接进入受纳水体，此外，由于排水管道施工时的质量问题而造成的雨污混接会导致部分污水直接排入城市受纳水体，使水体污染负荷增大，对城市水环境造成严重威胁。针对管道淤积产生的问题，对淤积物进行清理显得势在必行。

## 4.1　2D-PIV 沉积物水力悬浮输运实验测试

清淤系统水力设计的关键在于沉积物的重新悬浮和水力输送动力学。实验室沉积物水力悬浮输运实验的目的就是获取相关水力学参数，从而指导清淤系统的设计开发。沉积物水力悬浮输运实验以沙粒作为排水管道淤积物的代表，主要实验内容为测量机械搅拌作用下的水流流场，寻找机械搅拌作用下的水流对沙粒的作用效果和规律。

### 4.1.1 实验装置及方法

在本实验中，采用以有机玻璃为基底的模型模拟排水管道中沉积物重新悬浮和输送的水力过程。实验所需的装置为清淤实验模型和 2D-PIV 系统。

**1. 清淤实验模型**

清淤实验模型由排水管道模型和搅拌装置组成，各组成部分的详细介绍如下。

1）排水管道模型

排水管道模型由进水腔室、矩形断面流槽和出流腔室三部分组成，总长 3550mm。第一部分为方形进水腔室，用以稳定进水水流，长 250mm，宽 700mm，高 1600mm，用 UPVC 板制成，清淤用水从腔室底部流入上部流出。第二部分为矩形断面流槽，流槽宽 200mm，高 700mm，长 2500mm，其中前段 1000mm 长的流槽用 UPVC 板制成，后段 1500mm 长的流槽用透明有机玻璃板制成。在进水腔室和流槽之间设置 92 个过流孔洞，孔洞直径 20mm，用以稳定和平衡进入流槽的水流。模型第三部分为出流腔室，长 800mm，宽 500mm，高 700mm，出流腔室的末端安装堰板，用来控制矩形断面流槽内的水位。实验过程中流槽水深控制在 300～500mm 之间，流槽自身水流最大流速取 0.2m/s。排水管道模型的结构和实物照片如图 4-1～图 4-3 所示。

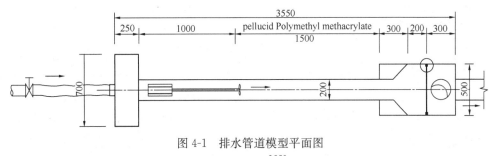

图 4-1 排水管道模型平面图

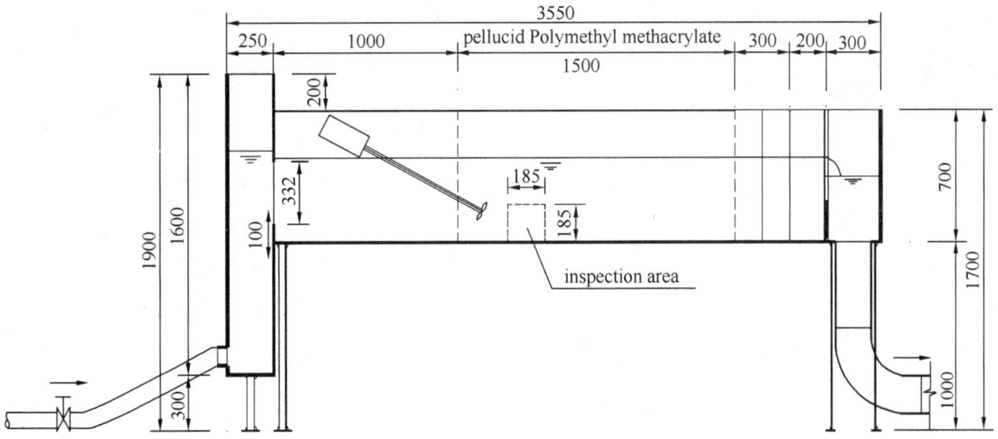

图 4-2 排水管道模型剖面图

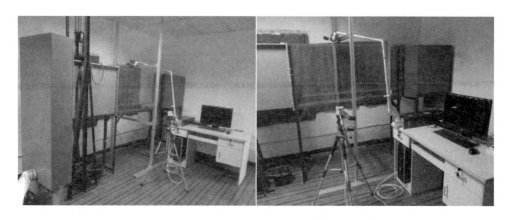

图 4-3　排水管道模型实物照片

2）搅拌装置

搅拌装置由动力电机、螺旋桨、变频器以及支撑钢架几部分组成。动力电机型号为 YS7112，电压 380V，频率 50Hz，最高转速 2800r/min，额定功率 0.37kW。螺旋桨为硬铝合金制成的三叶螺旋桨，外径 67mm。电机与螺旋桨之间由长 400mm 的传动轴连接，传动轴直径 12mm，由不锈钢制成。螺旋桨的转速由变频器（FR-E740-1.5K-CHT，MITSUBISHI，Japan）控制。变频器的输出频率变化范围为 0.2～400Hz，本实验中螺旋桨的转速能在 56～2800r/min 的范围内连续调节。支撑钢架用于支撑动力电机和螺旋桨，高 2500mm，宽 350mm，横跨于排水管道模型的流槽上方并与排水管道模型独立开。钢架由角钢制成，可实现动力电机和螺旋桨上下高度和倾斜角度的连续调节。

**2. 2D-PIV 系统**

本实验采用 2D-PIV 系统测量流场，其主要由激光照明系统、数字图像记录存储系统、同步控制系统和图像控制分析系统四部分组成。激光照明系统的功能是产生片光源将流场照亮，其核心部件是脉冲激光器；数字图像记录存储系统的主要作用是拍摄和记录示踪粒子图像，其部件主要包括 CCD 数字相机、图像采集板和计算机；同步控制系统的功能是精确同步脉冲激光出光时间和相机采集图像的时间，使相机精确采集到脉冲激光照亮流场瞬间的流场粒子图像，其核心部件为多通道同步控制器；图像控制分析系统的功能是实时控制脉冲激光器、数字相机、图像采集板和同步器，并在后期数据处理时分析计算粒子图像得到速度场等流场数据，其核心为粒子图像分析系统软件。2D-PIV 系统结构如图 4-4 所示。

1）激光照明系统

激光照明系统由双脉冲激光器主机、电源控制器和循环冷却装置三部分组成。

本实验使用的激光器是 Nd：YAG 双脉冲激光器（掺钕钇铝石榴石激光器）。在双脉冲激光器的主机内部，有两路并行的激光器，这两路激光器被放置于同一光学平台上，利用偏振耦合技术将它们产生的两路红外波段激光（波长 1064nm）同轴输出，然后进入 SHG 晶体使之产生波长为 532nm 的绿色可见光激光，再通过分光系统滤除掉红外波段的激光后，只将绿色激光反射输出，然后再通过导光臂传输到实验所需位置，最后利用片光系统将点光源转换为片光源后照射到 PIV 实验流场中进行实验。

激光电源控制器是激光照明系统的控制单元，它连接同步控制器，接收计算机控制系统传递来的时序信号，同时输出激光器主机的工作电压。

激光器在工作的过程中会产生热量，循环冷却装置的作用就是冷却激光器，防止其因温度过高而损坏。循环冷却装置由储水箱、循环水泵、过滤器等组成。本实验使用的冷却装置安装在激光电源控制器机箱内，其进出水管连接激光器形成循环冷却回路。

2）数字图像记录存储系统

数字图像记录存储系统由高速 CCD 数字相机、相机镜头、图像采集

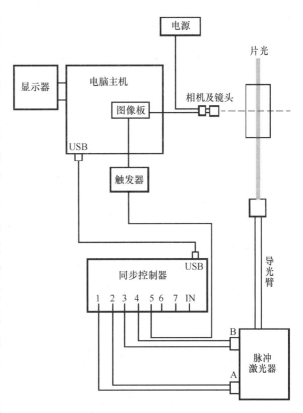

图 4-4　2D-PIV 系统结构示意图

板和计算机组成。高速 CCD 数字相机连接同步控制器，在接收到同步控制器传递来的触发信号后执行拍摄任务。图像采集板实时捕捉相机拍摄到的粒子图像并将其保存到计算机的内存空间。

3）同步控制系统

同步控制系统的核心是同步控制器，同步控制器产生周期的脉冲触发信号，触发信号在通过多个延时通道时产生多个延时触发信号，这些延时触发信号分别用来控制脉冲激光器、CCD 数字相机和图像采集板，使它们严格同步各触发信号工作，从而保证整个 PIV 系统正常工作。

同步控制器工作时，为了确保同步控制器的四路延时触发信号正确输出控制双脉冲激光器的两路激光器正常工作，要求激光器必须设定为"外同步工作模式"，同时 CCD 数字相机设定为"PIV 工作模式"。

同步控制器提供周期性的 TTL 外触发信号，激光器的两个氙灯经过一定的时间延时后间隔点亮发光，当氙灯的发光强度达到最大峰值时，经过适当延时的两路 Q 开关被同步控制器提供的延时信号触发，激光器便发出具有一定时间间隔的双脉冲激光。同时，CCD 数字相机也接收同步控制器提供的 TTL 触发信号，通过软件设定第一帧图像曝光时间，使激光器的第一个脉冲光落在第一帧图像的曝光时间内，然后再经过软件设定的双帧跨帧时间，使数字相机进行第二帧图像曝光，并捕捉到激光器的第二个脉冲光。这样就完

成了一对粒子图像的捕捉。

4）图像控制分析系统

图像控制分析系统主要包含图像采集板控制软件和 PIV 系统控制分析软件。图像采集板控制软件的功能是向图像采集板提供驱动程序，并划分图像采集板内存空间等。PIV 系统控制分析软件是实现粒子图像拍摄操作控制和粒子图像分析计算的关键部分。本实验采用的是 MicroVec V3.2.3 软件，软件系统通过计算机的 USB 接口与同步控制器连接，向激光系统和图像采集系统输出控制信号。在图像采集的过程中，可以实时显示流场粒子图像，并将合格的粒子图像保存到计算机硬盘空间内，在后期数据处理时可以通过该软件调出已保存的粒子图像序列进行分析处理，得到流场的速度矢量、涡量等计算向量结果。

本实验使用的 MicroVec V3.2.3 软件在对粒子图像进行分析计算时采用的是互相关分析法，这种分析方法是在图像中一定位置取一定尺寸的方形图作为"判读区"，通过判读区进行数据处理，从而获得速度。假设粒子的位移在判读区内是均匀的，则第二个脉冲光形成的图像就可视为第一个脉冲光形成的图像在经过平移之后得到的。由于相邻两个脉冲光的时间间隔已知，故可计算出判读区内粒子的运动速度。在作相关计算时，是在第二幅图像中寻找与第一幅图像判读区相似度最大的区域作为第二幅图像的判读区，这样处理增加了相关的有效粒子数，降低了相关处理中的背景噪声，提高了信噪比，使判读识别的准确度大为提高。

本实验使用的 PIV 设备为常州勤德光电科技有限公司提供的 2D-PIV 系统，系统的具体配置如下：

（1）PIV 专用激光主机 200mJ，含两个独立的激光器，型号 KSP200；

（2）激光器集成电源，与 KSP200 配套；

（3）德国原装导光臂，长度 1.8m，包含激光器到导光臂之间的过渡光学器件，型号 KM18；

（4）微型定焦片光源，片光展开面积 200mm×200mm，型号 KL200；

（5）原装进口 4M CCD 数字相机，IPX-4M15，IMPERX，USA；

（6）高速图像采集卡，CamLink 接口，与 IPX-4M15 配套；

（7）NIKON 50mm/F1.4 专业光学镜头，附带专用窄带滤色片，型号 NIKON 50/F1.4；

（8）高精度同步控制器，型号 Pulse725；

（9）二维 PIV 分析软件，包含水流流场分析、两相流动分析、浓度场分析等二维分析模块，型号 MicroVec V3.2.3；

（10）计算机，英特尔酷睿 i5 处理器 760，4GB 内存，500G 硬盘；

（11）示踪粒子，粒径 1~5$\mu$m，相对密度 1.05，折射率 1.33。

本实验 2D-PIV 系统实物照片如图 4-5、图 4-6 所示。

**3. 实验方法**

本实验通过金属丝筛网筛选了 9 种不同粒径范围的沙粒，并以沙粒作为排水管道淤积

图 4-5 2D-PIV 激光器主机和同步控制器实物照片

图 4-6 2D-PIV 数字相机和导光臂实物照片

物的代表，在矩形流槽水深 300mm，螺旋桨高度 150mm，倾斜角度 45°的情况下，分别测量了这 9 种不同粒径范围沙粒在螺旋桨的搅拌作用下启动和完全悬浮两种状态时的流场情况，因此共有 18 种实验工况。沙粒的粒径范围见表 4-1 和表 4-2。本实验 2D-PIV 系统的测试观察区为流槽底部 185mm×185mm 的方形核心紊动冲刷区域。沙粒启动工况时，分别记录了搅拌电机的工作频率和螺旋桨的转速，通过 2D-PIV 系统测试了流槽底部核心紊动冲刷区的流场情况，并重点计算了方形测试观察区底部高 50mm×宽 185mm 的矩形区域（以下称测试区底部区域）内的平均流速和最大流速。沙粒完全悬浮工况时，分别记录了搅拌电机的工作频率和螺旋桨的转速，通过 2D-PIV 系统测试了流槽底部核心紊动冲刷区的流场情况，并计算了方形测试观察区内的平均流速以及测试区底部区域内的平均流速和最大流速。本实验流槽内自身原始水流流速为 0.00~0.07m/s，流槽原始状态下的速度矢量图和速度分布云图见图 4-7。9 种不同粒径范围沙粒在启动和完全悬浮两种状态时的速度矢量图和速度分布云图见图 4-8~图 4-25，测试结果数据见表 4-1 和表 4-2。

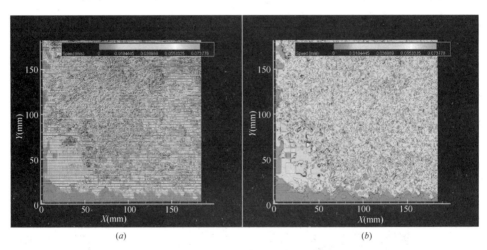

图 4-7　流槽原始状态下的测量结果

（a）速度矢量图 ；（b）速度分布云图

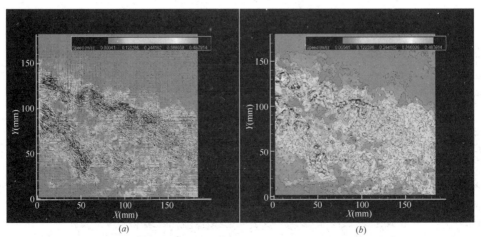

图 4-8　1 号沙粒启动时流槽底部核心紊动冲刷区的测量结果

（a）速度矢量图；（b）速度分布云图

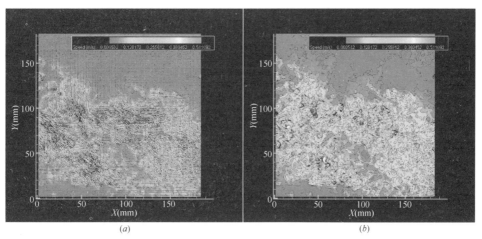

图 4-9    2 号沙粒启动时流槽底部核心紊动冲刷区的测量结果

(a) 速度矢量图；(b) 速度分布云图

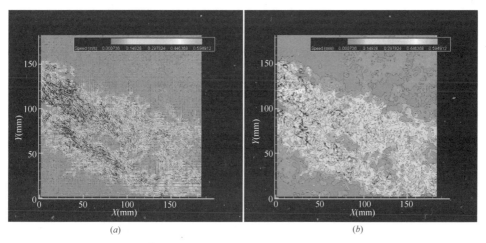

图 4-10    3 号沙粒启动时流槽底部核心紊动冲刷区的测量结果

(a) 速度矢量图；(b) 速度分布云图

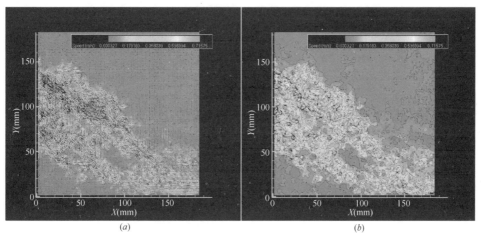

图 4-11    4 号沙粒启动时流槽底部核心紊动冲刷区的测量结果

(a) 速度矢量图；(b) 速度分布云图

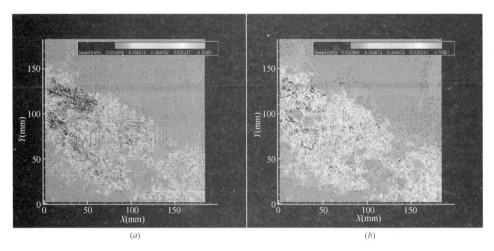

(a)　　　　　　　　　　　　　　(b)

图 4-12　5 号沙粒启动时流槽底部核心紊动冲刷区的测量结果

(a) 速度矢量图；(b) 速度分布云图

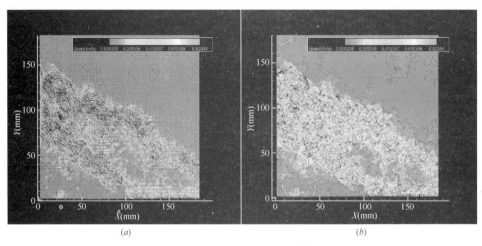

(a)　　　　　　　　　　　　　　(b)

图 4-13　6 号沙粒启动时流槽底部核心紊动冲刷区的测量结果

(a) 速度矢量图；(b) 速度分布云图

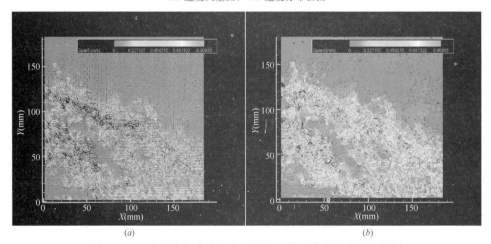

(a)　　　　　　　　　　　　　　(b)

图 4-14　7 号沙粒启动时流槽底部核心紊动冲刷区的测量结果

(a) 速度矢量图；(b) 速度分布云图

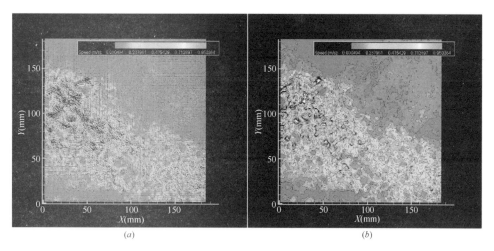

图 4-15    8 号沙粒启动时流槽底部核心紊动冲刷区的测量结果

(a) 速度矢量图；(b) 速度分布云图

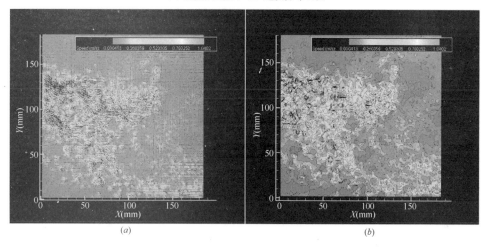

图 4-16    9 号沙粒启动时流槽底部核心紊动冲刷区的测量结果

(a) 速度矢量图 ；(b) 速度分布云图

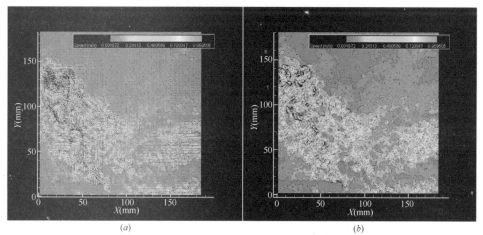

图 4-17    1 号沙粒悬浮时流槽底部核心紊动冲刷区的测量结果

(a) 速度矢量图；(b) 速度分布云图

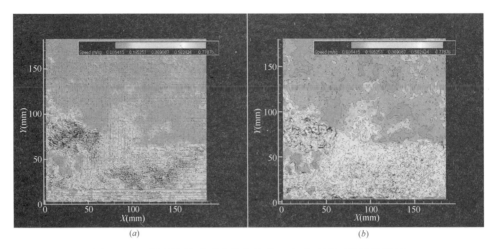

图 4-18　2 号沙粒悬浮时流槽底部核心紊动冲刷区的测量结果

（a）速度矢量图；（b）速度分布云图

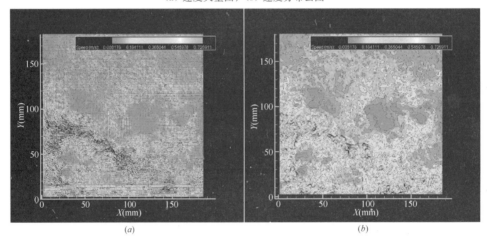

图 4-19　3 号沙粒悬浮时流槽底部核心紊动冲刷区的测量结果

（a）速度矢量图；（b）速度分布云图

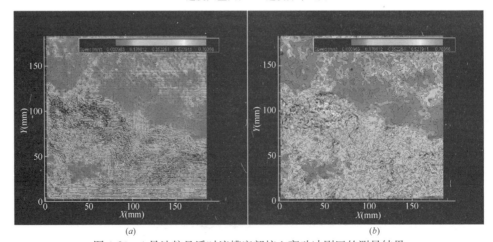

图 4-20　4 号沙粒悬浮时流槽底部核心紊动冲刷区的测量结果

（a）速度矢量图；（b）速度分布云图

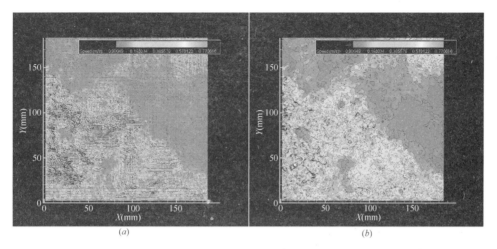

图 4-21    5 号沙粒悬浮时流槽底部核心紊动冲刷区的测量结果

(a) 速度矢量图；(b) 速度分布云图

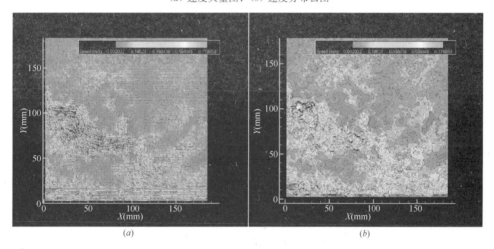

图 4-22    6 号沙粒悬浮时流槽底部核心紊动冲刷区的测量结果

(a) 速度矢量图；(b) 速度分布云图

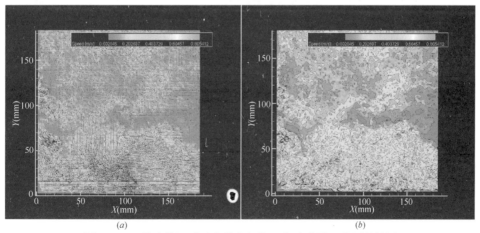

图 4-23    7 号沙粒悬浮时流槽底部核心紊动冲刷区的测量结果

(a) 速度矢量图；(b) 速度分布云图

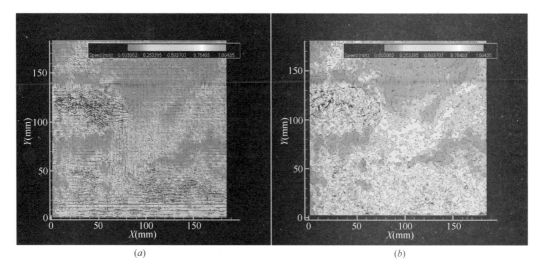

图 4-24　8 号沙粒悬浮时流槽底部核心紊动冲刷区的测量结果

(a) 速度矢量图；(b) 速度分布云图

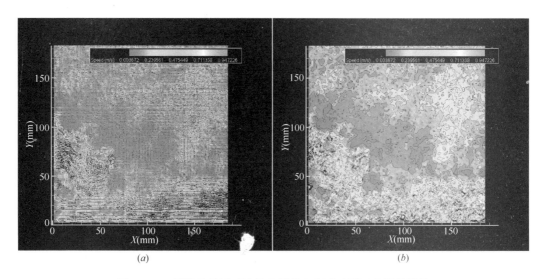

图 4-25　9 号沙粒悬浮时流槽底部核心紊动冲刷区的测量结果

(a) 速度矢量图；(b) 速度分布云图

### 4.1.2　速度场和沙粒的重新悬浮

由测试区域内的 2D-PIV 速度矢量图和速度分布云图得出，螺旋桨搅动产生的水流均为紊流。管道流槽模型中的紊流表现为跨度范围广、在空间和时间上都很复杂的涡旋流，其速度矢量在空间和时间上都活跃地变化，在不同的时间和位置上其数值和方向均会不同。螺旋桨搅动产生的紊流能高效地将沙粒搅起并使之维持悬浮状态。当变频器的输出频率为 13.5Hz 时，即螺旋桨转速为 756r/min 时，方形测试观察区内的平均流速为 0.21m/s，测试区底部区域内的平均流速和最大流速分别为 0.64m/s 和 0.87m/s，最大粒径为

3.327mm 的沉积沙粒全部被搅起形成悬浮状态。

### 4.1.3　螺旋桨转速、水流速度以及沙粒粒径之间的关系

根据 PIV 测试结果，沙粒在启动和重新悬浮两种状态下的沙粒粒径、螺旋桨转速、测试区域内水流平均速度和最大速度的数据见表 4-1 和表 4-2。沙粒启动和重新悬浮两种状态下的螺旋桨转速、水流速度以及沙粒粒径之间的关系见图 4-26～图 4-33。

9 种不同粒径范围沙粒启动状态时的测试数据　　　　表 4-1

| 沙粒编号 | 沙粒平均粒径（mm） | 沙粒最大粒径（mm） | 频率（Hz） | 螺旋桨转速（r/min） | 测试区底部区域内平均流速（m/s） | 测试区底部区域内最大流速（m/s） |
| --- | --- | --- | --- | --- | --- | --- |
| 1 | 0.298 | 0.350 | 4.4 | 246 | 0.13 | 0.47 |
| 2 | 0.384 | 0.417 | 4.8 | 269 | 0.19 | 0.49 |
| 3 | 0.456 | 0.495 | 5.2 | 291 | 0.21 | 0.52 |
| 4 | 0.645 | 0.701 | 5.9 | 330 | 0.24 | 0.53 |
| 5 | 0.767 | 0.833 | 6.2 | 347 | 0.26 | 0.56 |
| 6 | 1.078 | 1.165 | 6.5 | 364 | 0.29 | 0.60 |
| 7 | 1.408 | 1.651 | 7.5 | 420 | 0.34 | 0.66 |
| 8 | 2.007 | 2.362 | 8.5 | 476 | 0.38 | 0.68 |
| 9 | 2.845 | 3.327 | 9.0 | 504 | 0.41 | 0.71 |

9 种不同粒径范围沙粒完全悬浮状态时的测试数据　　　　表 4-2

| 沙粒编号 | 沙粒平均粒径（mm） | 沙粒最大粒径（mm） | 频率（Hz） | 螺旋桨转速（r/min） | 测试区底部区域内平均流速（m/s） | 测试区底部区域内最大流速（m/s） | 方形测试观察区内平均流速（m/s） |
| --- | --- | --- | --- | --- | --- | --- | --- |
| 1 | 0.298 | 0.350 | 9.0 | 504 | 0.40 | 0.70 | 0.15 |
| 2 | 0.384 | 0.417 | 9.2 | 515 | 0.42 | 0.71 | 0.15 |
| 3 | 0.456 | 0.495 | 9.5 | 532 | 0.44 | 0.72 | 0.16 |
| 4 | 0.645 | 0.701 | 10.0 | 560 | 0.49 | 0.71 | 0.17 |
| 5 | 0.767 | 0.833 | 10.2 | 571 | 0.50 | 0.74 | 0.18 |
| 6 | 1.078 | 1.165 | 10.4 | 582 | 0.51 | 0.73 | 0.18 |
| 7 | 1.408 | 1.651 | 12.0 | 672 | 0.58 | 0.78 | 0.19 |
| 8 | 2.007 | 2.362 | 13.0 | 728 | 0.61 | 0.81 | 0.21 |
| 9 | 2.845 | 3.327 | 13.5 | 756 | 0.64 | 0.87 | 0.21 |

由图可看出，测试区底部区域内的平均流速和最大流速都随着螺旋桨转速的增大而增大，当螺旋桨转速为 756r/min 时，测试区底部区域内的平均流速达到了 0.64m/s，最大流速达到了 0.87m/s。

沙粒启动状态时，其启动沙粒最大粒径随着测试区底部区域内平均流速和最大流速的

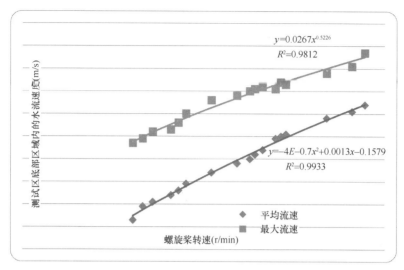

图 4-26　测试区底部区域内的水流速度与螺旋桨转速的关系

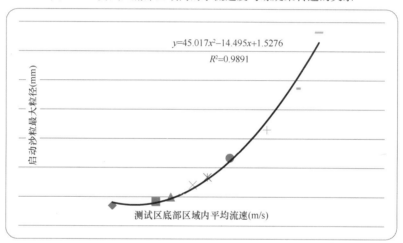

图 4-27　启动沙粒最大粒径与测试区底部区域内平均流速的关系

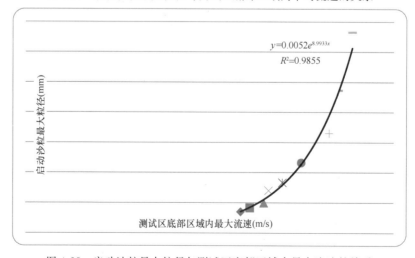

图 4-28　启动沙粒最大粒径与测试区底部区域内最大流速的关系

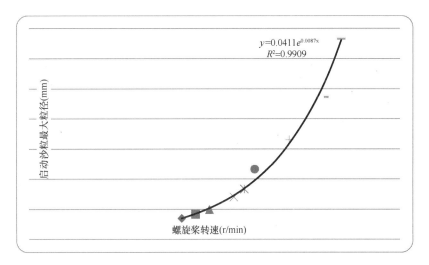

图 4-29　启动沙粒最大粒径与螺旋桨转速的关系

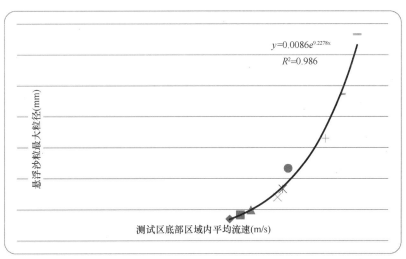

图 4-30　悬浮沙粒最大粒径与测试区底部区域内平均流速的关系

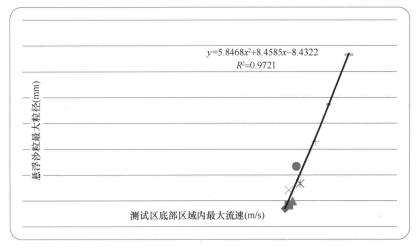

图 4-31　悬浮沙粒最大粒径与测试区底部区域内最大流速的关系

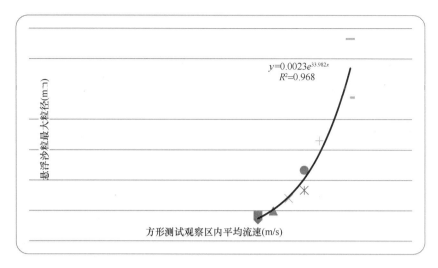

图 4-32　悬浮沙粒最大粒径与方形测试观察区内平均流速的关系

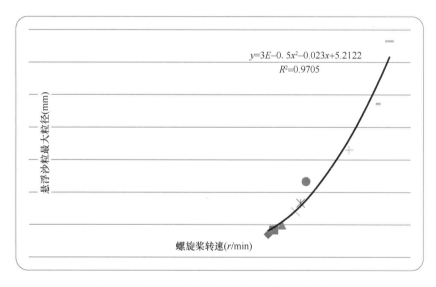

图 4-33　悬浮沙粒最大粒径与螺旋桨转速的关系

增大而增大，当测试区底部区域内平均流速达到 0.41m/s，最大流速达到 0.71m/s 时，最大粒径为 3.327mm 的 9 号沙粒启动。启动沙粒最大粒径随着螺旋桨转速的增大而增大，故启动沙粒的粒径可由螺旋桨转速来控制，当螺旋桨转速为 504r/min 时，可使最大粒径为 3.327mm 的 9 号沙粒启动。综合图可得，加大螺旋桨的转速可增大核心紊动冲刷区的紊动冲刷强度，使测试区底部区域内的平均流速和最大流速增大，最终使更大粒径的沙粒启动。

当沙粒处于完全悬浮状态时，其悬浮沙粒最大粒径随着测试区底部区域内平均流速和最大流速以及方形测试观察区内平均流速的增大而增大，当测试区底部区域内平均流速达到 0.64m/s，最大流速达到 0.87m/s，方形测试观察区内平均流速达到 0.21m/s 时，最大粒径为 3.327mm 的 9 号沙粒完全悬浮。悬浮沙粒最大粒径随着螺旋桨转速的增大而增大，故悬浮沙粒的粒径可由螺旋桨转速来控制，当螺旋桨转速为 756r/min 时，可使最大粒径为 3.327mm 的 9 号沙粒完全悬浮。加大螺旋桨的转速可增大核心紊动冲刷区的紊动冲刷强度，使测试区底部区域内平均流速和最大流速以及方形测试观察区内平均流速增大，最终使更大粒径的沙粒达到完全悬浮。

对于同一粒径的沙粒，加大螺旋桨的转速可使其从启动状态变为完全悬浮。在实际排水管道中，同一粒径的淤积泥沙其粘结程度可能不同，某一搅拌冲刷强度只能使粘结程度比较轻的泥沙悬浮，对于粘结程度较重的泥沙则可能只能达到启动状态，针对这种情况，可采用加大螺旋桨转速增强搅拌冲刷强度的办法来使粘结程度较重的泥沙从启动状态变为完全悬浮。

根据 2D-PIV 沉积物水力悬浮输运实验研究的结果可以得出以下两条结论：首先，由螺旋桨搅动产生的水流全为紊流，它能高效地搅起流槽底部的沙粒并使其维持在悬浮状态，因此本课题提出的机械搅拌的清淤技术思路是可行的；再者，重新悬浮沙粒的粒径随着螺旋桨转速的增大而增大，故悬浮沙粒的粒径可由螺旋桨转速来控制。通过加大螺旋桨转速的办法可以将粒径较大或粘结程度较重的泥沙搅起并使之完全悬浮，即加大螺旋桨转速可以有效地增强搅拌冲刷的强度和效果。

## 4.2　排水管道水力清淤系统结构设计

由于排水管道所在位置的多样性及排水管道内工作环境的特殊性，清淤系统应满足结构紧凑、便于拆装搬运、操作灵活简便、工作安全可靠以及能适应复杂地形条件等要求。根据该设计思想，本书设计出一套大管径排水管道水力清淤系统，其主要由清淤小船、清淤小船地上操控系统、充气橡胶闸门系统三部分组成。工作时清淤小船在管道中进行清淤作业，操作人员在地面上通过清淤小船地上操控系统对管中作业的清淤小船进行操作控制，充气橡胶闸门系统位于工作管道下游检查井中，调节控制工作管道中的污水水位，使清淤小船在合适的工作水深下正常工作。

### 4.2.1　清淤系统工作原理

清淤系统的工作原理如图 4-34 所示，系统部件的实物照片如图 4-35 所示。

本清淤系统的整个清淤过程可分为以下四个步骤。

第一步：蓄水。将充气橡胶闸门放到工作管道下游检查井中，充气，将工作管道内水位抬高至清淤小船清淤作业时所需的工作高度。

第二步：清淤作业。待工作管道内水位抬高至合适工作高度后，将清淤小船从上游检查井放入到工作管道中，并启动小船上的潜水搅拌机，工作人员在地面上通过清淤小船地上操控系统来操控小船在管中进行清淤作业，使小船在管中前后左右走动进行搅动作业把管底的淤泥搅起形成泥水混合物，并利用刮泥耙齿在小船往回拉动的过程中将板结淤泥耙松并把大块淤积物刮至上游检查井内。

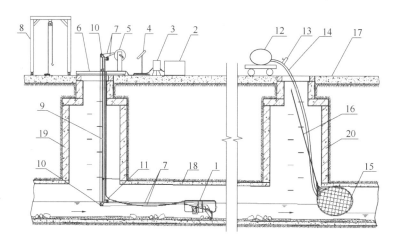

图 4-34 清淤系统工作原理图

1—清淤小船；2—发电机；3—电控柜；4—摄像机显示控制屏；5—绞车；6—绞车底座；

7—牵引缆绳；8—起吊架；9—导杆；10—滑轮；11—电缆线；12—空压机；13—放气阀；

14—空气软管；15—充气橡胶球；16—橡胶球提绳；17—地面；18—工作管道；

19—上游检查井；20—下游检查井

图 4-35 清淤系统部件实物照片

　　第三步：首次放水冲淤。清淤小船搅动清淤和刮泥作业完成后，迅速放掉充气橡胶闸门内的空气并将其拉出管道，管道内蓄积的污水便快速流走，同时将搅起的泥沙带走。泥沙冲走后，将刮泥耙齿刮至上游检查井内的大块淤积物清掏出地面。对于淤积严重的管道，在上述三步操作完成后还会剩余部分顽固淤积物。针对此类淤积严重的管道可进行第四步操作。

第四步：二次放水冲淤。将清淤小船从管道中取出，再将充气橡胶闸门放到工作管道上游检查井中，充气，使充气橡胶球将工作管道进口堵住。待工作管道上游的污水蓄积至一定高度后迅速放掉橡胶闸门内的空气，利用上游蓄积的污水形成的快速水流将工作管道内残留的顽固淤积物冲走。冲刷完成后将下游检查井内的淤积物清掏出地面，一个工作管段的清淤作业完成。

### 4.2.2 清淤系统各组成部分的构造及功能

#### 1. 清淤小船

清淤小船是清淤系统清淤工作的主体，主要由浮筒体、潜水搅拌机、自伸式可调节型刮泥耙齿以及水下摄像机等组成。

浮筒为一体式，中空，其下腹部内凹，通过滚塑工艺一次成型。为了适应排水管道中复杂恶劣的工作环境，浮筒体采用 PE（聚乙烯）材质，耐磨耐撞击并抗酸碱腐蚀，保证了清淤小船在管道中安全、可靠工作。同时，在浮筒体内部填充发泡剂，提高了浮筒整体强度并使其具有良好的水密封性。浮筒体提供浮力使整个清淤小船悬浮于污水中工作，设计最大可提供浮力为 745N。其实物照片如图 4-36 所示。

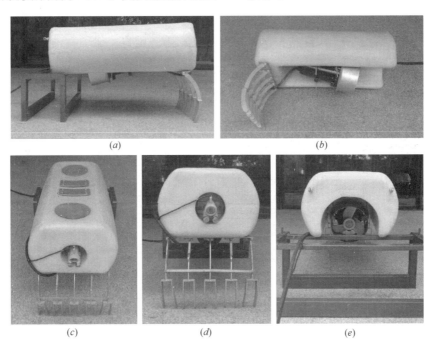

图 4-36 清淤小船实物照片
(a) 清淤小船立面；(b) 清淤小船侧面；(c) 清淤小船俯视；
(d) 清淤小船前视；(e) 清淤小船后视

潜水搅拌机通过安装件安装于浮筒体下方的内凹空间内，安装角度可调节，为斜向下。潜水搅拌机为清淤小船搅动清淤作业的动力部件，潜入水下进行搅动作业，其高速旋转的叶轮产生搅动水流将管底的泥沙类淤积物搅起形成泥水混合物，并同时给小船提供向前行走的动力。

自伸式可调节型刮泥耙齿安装于浮筒体的前下方并可灵活拆装，由单耙齿、耙齿横勒、耙齿自伸拉簧、耙齿铰接头以及耙齿连接钢板组成。多个单耙齿分别通过耙齿铰接头与耙齿连接钢板连接，为增强刮泥效果，单耙齿制作成弧形，并在其末端设置耙齿犁刀。由于刮泥耙齿是在具有腐蚀性的管道污水中工作，故耙齿自身必须要求耐腐蚀，本刮泥耙齿采用不锈钢材质制成，保证了其工作的稳定可靠性。为了提高耙齿的刮泥效果，将五个单耙齿用耙齿横勒连接成一个整体，同时增强了刮泥耙齿的整体稳定性。为了使耙齿在刮泥工作时保持自伸张开状态，并同时具备一定柔性使清淤小船在前进时能迈过大块障碍物，刮泥耙齿上设置了耙齿自伸拉簧，自伸拉簧一端勾住单耙齿一端勾住耙齿连接钢板。为了使耙齿在刮泥时能高效有力地工作，刮泥耙齿上设置了耙齿限位板对刮泥耙齿的张开程度进行限定，把耙齿的张开程度限定在最佳工作状态。由于不同管径排水管道的工作水深不同，故需要不同高度的刮泥耙齿来与之适应。本清淤小船的刮泥耙齿制作成一系列不同高度的型号，根据实际工作管道的情况来灵活选配使用。工作时刮泥耙齿在小船受牵引缆绳拉力作用下向后行驶的过程中张开，将管底的板结淤泥耙松并将大块淤积物刮至上游检查井内。

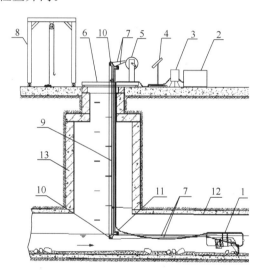

图 4-37　清淤小船地上操控系统工作原理图
1—清淤小船；2—发电机；3—电控柜；4—摄像机
显示控制屏；5—绞车；6—绞车底座；7—牵引缆绳；
8—起吊架；9—导杆；10—滑轮；11—电缆线；
12—工作管道；13—上游检查井

水下摄像机自带强光源，安装于浮筒体的正前方，随着小船的行进对管底的淤积情况进行探测，并将探测录像画面传送至地面，为地上操作人员进行清淤操作提供参考。

**2. 清淤小船地上操控系统**

清淤小船地上操控系统主要用来操控清淤小船在管中进行清淤作业，由绞车及绞车底座、导杆、牵引缆绳、摄像机显示控制屏、发电机、电控柜及起吊架等组成，如图 4-37 所示。

绞车及绞车底座设计为一体式，工作时放置于上游检查井井口，两台绞车相互独立。导杆工作时穿过绞车底座伸入检查井内为清淤小船作导向，可采用轻质的铝合金材质制作。为了使导杆便于运输并使其能适应不同检查井井深的工作要求，导杆工作时根据实际情况现场拼接。牵引缆绳采用轻质高强的尼龙绳。缆绳通过导杆上下两端的滑轮，一端固定在绞车上，另一端固定在清淤小船上，工作人员通过操作绞车收放缆绳来操控小船在管中的清淤作业。摄像机显示控制屏通过信号线与水下摄像机连接，用于显示和保存水下摄像机拍摄到的录像画面。为了使清淤系统能够适应电力不便的工作地点,系统采用移动式发电机作为清淤小船和充气橡胶闸门系统中空压机的动力电源。电控柜用于控制潜水搅拌机和空压机的启闭,为保障野外作业的安全,系统采用具有过载、短路保护功能的户外式防雨控制柜。起吊架用于起吊和下放清淤小船。

**3. 充气橡胶闸门系统**

充气橡胶闸门系统用于调节控制工作管道中的水位,并执行蓄水和放水冲淤操作,由充气橡胶球、橡胶球提绳和空压机等组成,如图 4-38、图 4-39 所示。

充气橡胶球为椭圆形,工作时位于管道进口处,工作人员通过调节球内充气程度来进行蓄水和放水操作。在清淤工作第一步进行蓄水操作时,充气橡胶球位于工作管段下游管道的进口处,充气将管道过水断面减小,使工作管道内水位上升至合适高度;清淤工作第二步小船进行清淤作业时,需要将充气橡胶球内的充气量维持在合适程度,以保证工作管道内的工作水位高度;清淤工作第三步进行

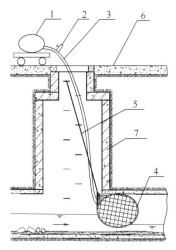

图 4-38 充气橡胶闸门
系统工作原理图

1—空压机;2—放气阀;3—空气软管;
4—充气橡胶球;5—橡胶球提绳;
6—地面;7—下游检查井

首次放水冲淤时,需要快速放掉充气橡胶球内的空气并将橡胶球拉出管道,以防止橡胶球阻碍水流快速流走;清淤工作第四步进行再次放水冲淤时,充气橡胶球从上游检查井中放置于工作管道进口处,充气将管道进口堵死,待上游水位上升至一定高度后便进行快速放气操作,使蓄积的污水快速流走进行冲淤。为了适应管道内恶劣的工作环境,充气橡胶球采用耐腐蚀、耐磨损的橡胶布材质。考虑到充气橡胶球需满足不同管径管道的工作要求,橡胶球设计制作成一系列大小不同的型号,实际工作时根据现场管道情况选用。橡胶球提绳用来拉住橡胶球,以防止橡胶球被水流冲走。空压机位于地面上通过空气软管向橡胶球内充气。

图 4-39 充气橡胶闸门系统实物照片

## 4.2.3 清淤系统的开发与制备

本书在实验室 2D-PIV 沉积物水力悬浮输运实验研究中验证了水力清淤技术思路的可

行性，在得到相关水力学参数后，进行了清淤系统的开发与制备。通过不断地完善，开发出了能适应多种工作条件的管内船载式大管径排水管道水力清淤系统。

在明渠和实际管道内的现场测试效果显示：制备的最新的清淤小船样机整体强度好、体积适中、运动灵活以及刮泥效果较理想，不但能有效清除泥沙类淤积物，而且对板结淤泥和大块淤积物有明显的清除效果。图 4-40 所示为清淤小船样机在明渠和实际管道内的工作情况照片。

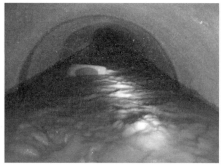

图 4-40　清淤小船样机明渠和实际管道内的工作情况照片

经过多次的现场测试和优化改进，清淤系统的另外两大组成部分清淤小船地上操控系统和充气橡胶闸门系统也得以完善。

### 4.2.4　清淤系统的设计特点

本清淤系统设计充分考虑排水管道所在位置的多样性及排水管道内工作环境的特殊性，其设计特点如下：

（1）为了适应地形复杂、车辆无法到达的工作地点，清淤系统采用化整为零的设计思路，系统由多个结构紧凑、重量轻、便于拆装搬运的部件组成。

（2）为了保护工作人员的人身安全，避免人员进入管道中作业，系统采用清淤小船作为工作主体进入管中清淤，工作人员进行地上操控的工作方式，操作安全可靠且灵活简便。

（3）由于受检查井井口形状和尺寸的限制，需要进入管中作业的清淤小船的外形应尽可能规则紧凑。本清淤系统的小船采用一体式长条形外形设计，能顺畅地进出检查井。

（4）由于排水管道中条件恶劣，污水成分复杂，且清淤小船悬浮于污水中工作，所以要求小船船体耐撞击、耐腐蚀，同时具有很好的密封性。本清淤系统小船的船体采用耐撞击、耐腐蚀的一体式 PE（聚乙烯）浮筒，内部填充发泡剂，安全可靠。

（5）为了清除排水管道中的泥沙类淤积物、板结淤泥和大块淤积物，清淤小船设计了刮泥耙齿将板结淤泥耙松并将大块淤积物刮出管道，采用高速潜水搅拌机将泥沙类淤积物搅起并利用水流冲出管道。

（6）为了检测管道中的淤积情况并实现可视化清淤操作，清淤小船上设计了自带强光源的水下摄像机。

（7）清淤小船工作时需要合适的工作水深，所以需要有水位调节装置对工作管道中的水位进行调节。本清淤系统采用充气橡胶球堵在下游管道进口，通过调节橡胶球的充气程度来调节管道的过水量，从而调节工作管道内的水深。

（8）清淤小船清淤作业完成并放水将搅起的悬浮泥沙冲走后，淤积情况严重的管道的底部可能还会剩余部分不易被刮泥耙齿刮除的顽固淤积物，需进一步清除。本清淤系统采用水力冲刷的方式，利用充气橡胶球作为蓄水放水装置，将其放到工作管道进口处充满气以堵住来水，待上游管道蓄满水后迅速放掉橡胶球内的空气，利用产生的快速水流将顽固淤积物冲出管道。

（9）清淤小船在管道中清淤作业需要工作人员在地面上对其进行操作控制，为此地上操控系统中设计了两个绞车和两根牵引缆绳，地面上的工作人员通过操作绞车收放缆绳来控制调节清淤小船在管中清淤作业的位置和方向。同时，放长或收回两根缆绳可控制小船在管道中前进或后退，一松一紧可控制小船在管道中左右移动。

## 4.3 排水管道水力清淤系统现场测试与效果分析

### 4.3.1 清淤系统现场测试情况介绍

在对管内船载式大管径排水管道水力清淤系统进行开发制备及调试过程中，已分别成功地在明渠、大埋深排水管道和地面式排水管道中进行了多次现场清淤测试。获得了充分的证据证明该清淤系统能够将管（渠）道内的淤积物清除，且表明该清淤系统能够在艰难和复杂的条件下应用。为了进一步考证本清淤系统的清淤效果，本书分别测试了清淤系统在明渠和地面式排水管道中的清淤效果数据。

**1. 明渠现场测试情况**

1）测试场地

测试选用的明渠为位于重庆主城区近郊的一个雨水排洪沟。由于排洪沟上游地区的水土流失，以及服务区域内混凝土搅拌站排出的废水泥沙含量较高，渠道内淤积了大量的淤沙。测试段渠道宽 1.5m，横断面高 2m，总长 120m，其中淤积的泥沙高度为 0.31m。由于明渠没有检查井，也很难在其中设置充气橡胶闸门，故试验时采用一个临时性的钢闸门来代替橡胶闸门，通过钢闸门来控制试验段渠道内的水位和执行放水冲淤操作。

2）测试步骤

明渠内清淤试验步骤共分为以下三步：

第一步：蓄水。将钢闸门安装在试验段渠道下游末端，蓄水使试验段渠道内水位上升至 0.5m 左右。

第二步：清淤小船清淤作业。将清淤小船放到试验段渠道内，开动潜水搅拌机，并通过牵引缆绳拉动小船使小船在渠道内前后左右走动进行搅动作业，将渠道底部的泥沙搅起形成泥水混合物。利用刮泥耙齿在小船往回拉动的过程中将渠底板结淤泥耙松并把大块淤积物刮走。

第三步：放水冲淤。清淤小船清淤作业完成后，迅速提起钢闸门，使试验段渠道内蓄积的污水快速流走，同时将搅起的泥沙冲走。放水冲淤完成后，将大块淤积物清掏出地面，一次清淤作业完成。

图 4-41 所示为明渠内清淤测试现场照片。

图 4-41  明渠测试现场照片

(a) 明渠中清淤小船的工作状态；(b) 临时性钢闸门打开时的污水冲刷情况

**2. 地面式排水管道现场测试情况**

1) 测试场地

该测试管道是建于重庆主城渝中区红岩山上的一条地面式排水管道，管道位于悬崖边上，悬崖所在位置卡车无法通行，这条测试管道的构筑模式在山地城市是较为常见的。测试管段为长 50m，直径 1.2m 的钢筋混凝土圆管，管底沉积下来的淤积物深 0.15～0.25m，除此之外，管中还有一些石子、砖块之类的障碍物，可能是由于周围的施工建设引起的。

2) 清淤系统及测试步骤

本次测试的流速测量采用便携式电磁感应流速仪，由电磁流变换器和监视器组成。清淤小船在管中的工作情况采用具有高亮度探照灯的潜望镜进行探视，潜望镜具有广阔的角度和很高的清晰度。

地面式排水管道内清淤试验步骤共分为以下四步：

第一步：蓄水。将充气橡胶闸门放到试验管段下游检查井中，充气，将试验管段内水位抬高至清淤小船清淤作业时所需的工作高度，试验管段内的工作水位高度约为 0.6m。

第二步：清淤小船管中清淤作业。待试验管段内水位抬高至合适工作高度后，将清淤小船从上游检查井放入到试验管段中，并启动小船上的潜水搅拌机，工作人员在地面上通过清淤小船地上操控系统来操控小船在管中进行清淤作业，使小船在管中前后左右走动进行搅动作业把管底的淤泥搅起形成泥水混合物，并利用刮泥耙齿在小船往回拉动的过程中将板结淤泥耙松并把大块淤积物刮至上游检查井内。

第三步：首次放水冲淤。清淤小船搅动清淤和刮泥作业完成后，迅速放掉充气橡胶闸门内的空气并将其拉出管道，之前在管道内蓄积的污水便快速流走，同时将搅起的泥沙冲出管道。泥沙冲走后，将刮泥耙齿刮至上游检查井内的大块淤积物清掏出地面。由于在本次清淤试验中，以上三步清淤操作完成后管底还剩余厚度约为55mm的顽固淤积物，故还需继续进行第四步操作。

第四步：二次放水冲淤。将清淤小船从管道中取出，再将充气橡胶闸门放到试验管段上游检查井中，充气，使充气橡胶球将试验管段进口堵住。待试验管段上游的污水蓄积至一定高度后迅速放掉橡胶闸门内的空气，利用上游蓄积的污水形成的快速水流将试验管段内残留的顽固淤积物冲走。冲刷完成后将下游检查井内的淤积物清掏出地面，一次清淤作业完成。

图4-42所示为地面式排水管道现场测试照片。

 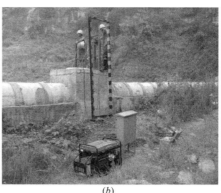

(a)          (b)

图4-42　地面式排水管道现场测试照片
(a) 排水管道照片；(b) 工作人员清淤操作照片

## 4.3.2 测试效果

### 1. 明渠现场测试效果

明渠现场测试的三个操作步骤共耗时48min，其中第一步蓄水15min，第二步清淤小船清淤作业30min，第三步放水冲淤3min。在本次长120m的明渠清淤测试中，三个操作步骤重复四次，总共耗时4h。清淤后，上层松软的淤积物被成功清除，而渠道底部仍然剩余厚度约为43mm的淤积物，这是由于水泥的凝固作用使其发生凝固，十分坚硬，不能在水力的冲刷作用下去除。表4-3所示为明渠清淤测试中水力清淤系统的清淤效果数据。

水力清淤系统在明渠清淤测试中的效果数据　　　　表4-3

| 清淤前渠道内淤积物高度 (mm) | 清淤前渠道内淤积物体积 (m³) | 清淤后渠道内淤积物高度 (mm) | 清淤后渠道内淤积物体积 (m³) | 清除掉的淤积物体积 (m³) | 耗能 (kWh) | 人工 (人/h) |
|---|---|---|---|---|---|---|
| 310 | 27.9 | 43 | 3.9 | 24 | 2.2 | 4/4 |

**2. 地面式排水管道现场测试效果**

地面式排水管道现场测试的四个操作步骤总共耗时 36min，其中第一步蓄水 5min，第二步清淤小船管中清淤作业 16min，第三步首次放水冲淤 4min，第四步二次放水冲淤 11min。本次测试采用便携式流速仪测定清淤前的测试管段内的背景水流速度以及整个清淤过程中下游检查井内的水流速度，便携式流速仪安装在下游检查井中，图 4-43 所示为清淤过程中测试管段下游检查井中的水流速度随时间的变化过程曲线。表 4-4 所示为地面式排水管道清淤测试中清淤系统的清淤效果数据，图 4-44 所示为整个清淤过程中不同步骤时的清淤情况照片。

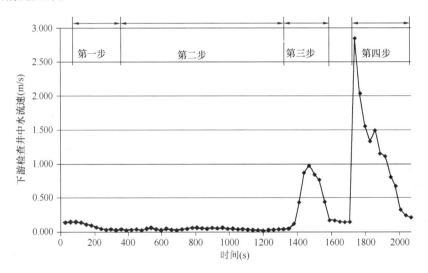

图 4-43　清淤过程中测试管段下游检查井中水流速度随时间的变化过程曲线

第三代水力清淤系统在地面式排水管道清淤测试中的效果数据　　　　表 4-4

| 清淤前管道内淤积物高度（mm） | 清淤前管道内淤积物体积（m³） | 首次放水冲淤后管道内淤积物高度（mm） | 二次放水冲淤后管道内淤积物高度（mm） | 清淤后管道内淤积物体积（m³） | 清除掉的淤积物体积（m³） | 耗能（kWh） | 人工（人/h） |
|---|---|---|---|---|---|---|---|
| 200 | 6.2 | 55 | <5 | <0.03 | >6.17 | 0.8 | 4/1 |

明渠、大埋深排水管道和地面式排水管道的现场清淤测试都有力表明了管内船载式大管径排水管道水力清淤系统在大管径排水管道清淤工作上的可行性和清淤效果，同时也展现了清淤系统在复杂工作环境条件下运行的灵活性。

该清淤系统的清淤工作效率较高，现场测试中，在只有 4 名操作人员的条件下，排水管道中淤积物的平均去除速率达到了 6m³/h。在现场测试中，清淤系统的能耗也达到了较低水平，管道中每立方米淤积物去除所需的能耗在 0.092～0.129 kWh 之间，并且在整个清淤过程中不需要消耗额外的清洁水。由此可见，管内船载式大管径排水管道水力清淤系统是一项高效率、低能耗和环境友好型的清淤技术，能够完成大管径排水管道的清淤工作。

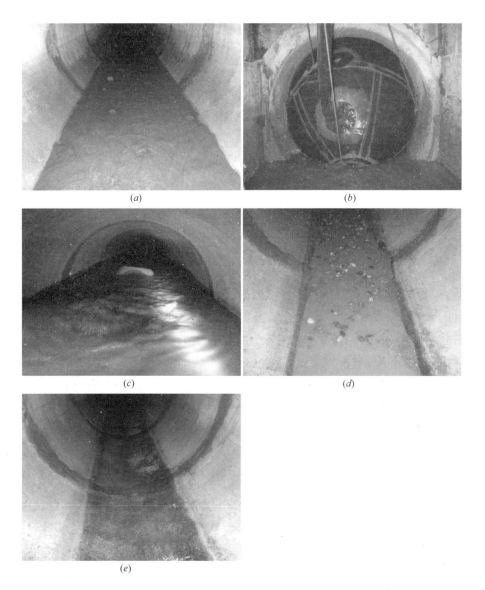

图 4-44　整个清淤过程中不同步骤时的清淤情况照片

(a) 清淤前管道照片；(b) 橡胶球堵住下游管道进口蓄水；(c) 清淤小船管中清淤作业；

(d) 首次放水冲淤后管道照片；(e) 二次放水冲淤后管道照片

## 4.4　大管径排水管道非开挖修复技术

### 4.4.1　研究方法与试验设计

在国内外管道修复技术调研的基础上，针对山地城市大型深埋排水管道的特点，通过非开挖新方法、新技术的探索→结构力学验证→现场测试→工程示范等步骤，逐步成功研发并示范了大管径排水管道内插钢管局部加强非开挖快速修复技术。具体技术路线如

图 4-45 所示。

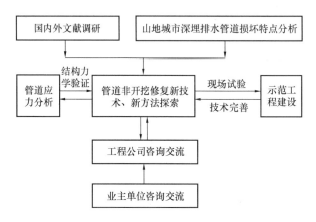

图 4-45　大管径排水管道快速修复技术研究技术路线与实施方案

**1. 研究方法**

通过国内外文献调研、市场调研和山地城市深埋排水管道快速修复的技术需求分析，认为现有的排水管道快速修复技术应用于山地城市管道修复还存在很多局限性。特别是这些技术往往存在造价高昂、需要大型专业施工机械和专用的原材料、对周围管线和建构筑物产生较大影响，并且大多需要开挖大型工作坑和征地等问题，严重制约了这些技术在山地城市深埋管道的应用。本研究在对山地城市排水管道损坏特性深入调研的基础上，提出一种大管径排水管道内插钢管局部加强非开挖修复方法，其与涂覆修复技术配合使用，既可以用于管道的非结构性修复，又可以用于管道的结构性修复。

**2. 试验设计**

修复方案采用内插钢套管局部加强非开挖修复技术，与涂覆修复技术配合使用，既可以用于管道的非结构性修复，又可以用于管道的结构性修复。

施工步骤如下：

（1）根据施工图纸对修复后的管道进行实际量测，以实际直径制作钢套环。

（2）90°扇形钢套管管坯制作：将 10mm 厚钢板卷成 90°扇形，直径 1180mm，长 400mm；

270°扇形钢套管管坯制作：将 10mm 厚钢板卷成 270°扇形，直径 1180mm，长 400mm；

月牙肋制作：在 20mm 厚钢板上切割成月牙形状。

（3）对于无变形的管段，工人进入管道中，将制作好的 90°扇形钢套管管坯拉入 D200 玻璃钢夹砂管中，铺在管道下侧。再将制作好的 270°扇形钢套管管坯拉入 D1200 玻璃钢夹砂管中，在千斤顶的作用下顶在管道上侧，与管道下侧的 90°扇形钢套管管坯焊接形成一个整体。

对于有变形的管段，应先用千斤顶等装备把变形处顶回原处。后面的操作步骤同无变形的管道。

（4）钢套管内衬后，将制作好的月牙肋焊接在相应位置上。

（5）对钢套管和玻璃钢夹砂管之间的缝隙灌入环氧树脂黏性剂。

（6）对钢套管和月牙肋进行防腐处理，除锈后，先涂环氧煤沥青底漆一道，再涂环氧煤沥青面漆两道；成形厚度不小于 0.2mm。

（7）对玻璃钢夹砂管中有缝隙的部分采用玻璃钢涂覆法修复。采用国内优质的耐腐蚀、防渗漏原材料在现场已损坏管道进行修复。

修复流程为：对原管道污水淤泥进行清理—用清水对管道进行清洗—对管道裂纹处进行打磨—用丙酮对粘结面进行清洗—晾干—粘结糊制—修补—晾干。

在糊制铺层过程中，每层玻璃纤维及其织物应用树脂充分浸润、均匀施加拉紧力、滚压平整、无气泡、裂纹等缺陷；对糊制厚度大于 10mm 的，应分两次成型，避免发生炸裂现象；整个修复过程中应做好防水及采取通风措施，确保施工安全。

（8）安全措施：

应保证管道内通风，排除管道内有毒气体，用空气检测仪器对各项有害气体进行检测，在安全指标内后方可下井作业；防止管道在施工过程中塌陷；由于管道埋深较深，工人应配备氧气呼吸装置方可在 D1200 玻璃钢夹砂管中施工。施工工人在管道内必须有安全工作舱。

## 4.4.2 试验结果与分析

对已破损埋地玻璃钢管道采用内插钢管局部加强非开挖修复技术进行加固修复，通过大型有限元软件 Abaqus 对修复后玻璃钢管道的应力变化及变形进行分析计算。

### 1. 材料本构模型

埋地玻璃钢管道采用环向缠绕的方式制作，在建模过程中，把玻璃钢夹砂管考虑为正交各向异性材料。由于无法现场测定埋地玻璃钢管道的材料性能，采用对原有强度和刚度进行折减的方法来考虑由于出现腐蚀、断续性部分裂纹等管道破损对管道强度和刚度降低的影响，分别取原来埋地玻璃钢管道的强度和刚度的 80%、60%、40% 作为埋地玻璃钢管道轻微破损、中等破损、严重破损时的强度和刚度。假设玻璃钢管道破损程度为严重破损，取原玻璃钢管道的强度和刚度的 40%，即 $E_1 = 10000$MPa，$E_2 = 5000$MPa，$Nu_{12} = 0.35$，$G_{12} = 2800$MPa，$G_{13} = 0.0001$MPa，$G_{23} = 0.0001$MPa。考虑埋地玻璃钢管道回填土覆土高度为 15m，由于回填质量较差，土体密实度不高，取管道周围土体弹性模量为一般回填土弹性模量的偏低值 2MPa，泊松比 0.3，D-P 模型的内摩擦角为 20°，密度为 1850kg/m³。混凝土基础强度等级 C15，采用损伤塑性本构模型，弹性模量为 22000MPa，泊松比为 0.2。钢套管和加劲肋均采用 Q235 钢板，屈服强度为 235MPa，厚度分别为 10mm 和 20mm，弹性模量为 $2.06 \times 10^5$ N/mm²，泊松比为 0.3，采用简化的双线性随动强化模型。

### 2. 有限元建模

研究对象包括玻璃钢管道、钢套管、加劲肋、混凝土基础和回填土。为了消除边界条件对埋地玻璃钢管道的受力计算结果的影响，在管道两侧采用距离管道中心 6$D$ 的计算幅度，$D$ 为管道直径，即构成了宽 12$D$、长 6m、高为基础厚度＋$D$＋覆土高度的计算范围。由于玻璃钢管道、钢套管和加劲肋都是一个方向的尺寸（厚度）远小于其他方向的尺寸，并且沿厚度方向的应力可以忽略的结构，因此采用四边形壳单元利用扫掠网格划分技术，对玻璃钢管道、钢套管和加劲肋进行网格划分。对于混凝土基础，选择六面体三维实体单元利用自由网格划分技术对其进行网格划分。对于回填土，为了提高分析效率，对远离管道的土体进行粗略划分，而管道周围土体则进行网格细分，选择六面体三维实体单元利用自由网格划分技术对其进行网格划分。具体有限元网格划分如图 4-46～图 4-49 所示。

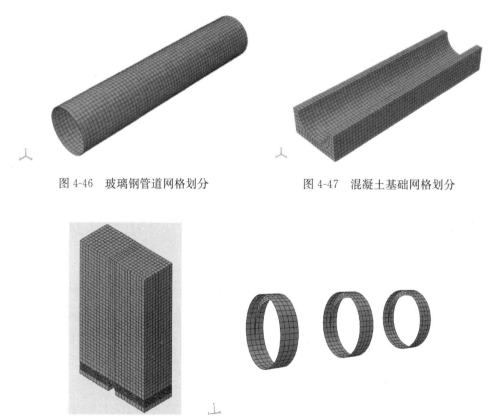

图 4-46　玻璃钢管道网格划分　　　　图 4-47　混凝土基础网格划分

图 4-48　土体网格划分　　　图 4-49　钢套管与加劲肋网格划分

埋地玻璃钢管道所受荷载来自于周围土体的自身重力，在分析过程中只施加重力荷载，计算过程自动模拟实际产生的水平侧压力。除计算模型的顶面不设边界约束外，其余各边界面的约束条件均按该面上的各结点垂直于该平面方向的位移为 0 进行处理。

**3. 加固后管道受力及变形分析**

1）加固后管道受力分析

钢套管处管道应力最大值出现在大约 10°和 170°处，最大值为 48MPa，远远小于钢套管方案中的最大值 106MPa。钢套管处管道应力在大约 30°～150°之间比较均匀，最小值为 6MPa。钢套管之间管道应力分布比钢套管方案更加均匀，应力最大值出现在水平直径处，最大值为 30MPa（图 4-50）。

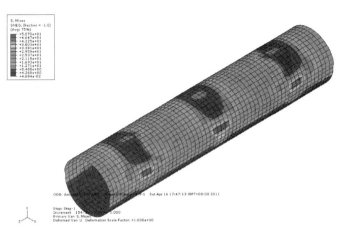

图 4-50　加固后管道应力云图

2）加固后管道变形分析

钢套管处管道竖向位移比钢套管间小，且均为向下挠曲。钢套管间管道在 0°～30°和 150°～180°的范围内向上挠曲；管道最大竖向位移出现在两个钢套管之间的管道顶部，最大值为 23mm，只有管道直径的 2%；同样，钢套管处管道水平位移比钢套管间小，在钢套管处，最大水平位移出现在大约 20°和 160°处，最大值为 15mm，而在钢套管间，最大水平位移出现在大约 15°和 165°处，最大值为 20mm，约为管道直径的 1.7%。在水平直径处，管道水平位移是向内挠曲的（图 4-51～图 4-54）。

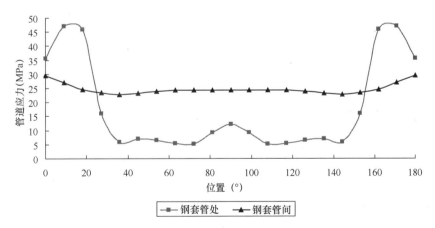

图 4-51　钢套管处与钢套管间管道应力随位置变化图

从上述分析可以看到，采用内插钢管局部加强非开挖修复技术对已出现结构性破损的埋地玻璃钢管道进行加固修复，可以有效地减小管道的变形，通过在局部内插钢管内部增加月牙肋，把对管道上部的集中受力转移和分散，式管道应力重分布，降低管道上的应力。因此，内插钢管局部加强非开挖修复技术是可行的。

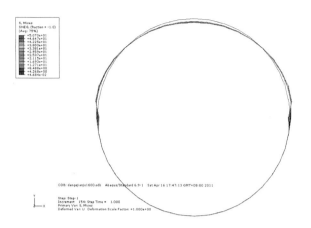

图 4-52　加固后管道变形前后对照图

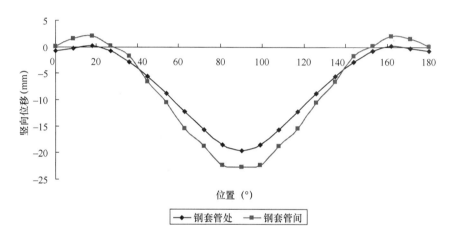

图 4-53　钢套管处与钢套管间管道竖向位移随位置变化图

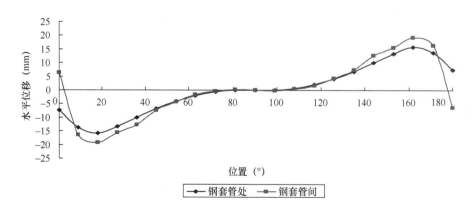

图 4-54　钢套管处与钢套管间管道水平位移随位置变化图

# 第5章　城市泄洪排涝节点识别与优化设计技术

随着我国城市建设规模的不断扩大，城市化区域原始地形地貌发生完全改变，不透水地面所占城市面积比例越来越高，原有的天然水体、排洪沟等在城市开发建设中被掩盖甚至填埋，造成城市区域内径流系数增大，并且，全球气候变化导致的极端气候出现频率日益增大，导致城市降雨径流量及峰值均增大，城市雨水排放系统的排放能力已明显满足不了雨水排放要求。上述种种因素，最终导致城市内涝灾害问题层出不穷。近年来，我国大多数城市包括北京、上海、武汉、重庆等特大城市均出现过不同程度的内涝事故，给人民的生命财产安全带来了巨大的损失。

如何在快速城市化背景下，评价现有雨水管道的排放能力，有效识别洪涝灾害点的空间分布情况，提出优化的设计及改造方案，针对城市提出雨水排水系统设计参数，构建基于泄洪排涝安全的城市用地布局模式，实现雨水的有效利用和安全排放，是当前城市迫切需要解决的关键技术问题。

本章以重庆主城快速城市化区域——盘溪河流域为研究对象，在详细分析重庆市的降雨及产流规律的基础上，评估了该区域的雨水排放能力及排放风险，对该区域的内涝风险点进行了识别，并提出了优化设计与改造建议，最终提出了基于泄洪排涝安全的城市用地布局模式。

## 5.1　雨水排放系统排放能力及风险评估

### 5.1.1　研究方法

**1. 现有雨水排水系统排放能力评估方法**

从空间参数来看排水模型可分为集总式模型和分布式模型。山地城市暴雨径流模型构建中由于流域尺度相对较小，且必须考虑流域每个部分甚至是排水管道每根管道每个节点特征参数在时空上的变化，所以选用分布式数学物理模型，即对模型进行空间分布的模拟，其属性值代表局部平均值。按照土地利用类型、数字高程等将流域离散划分为汇流子单元。目前，基于数字高程的流域离散化的主要方法有网格法（grid）、山坡法（hillslop）、水文响应单元（GRU，Grouped Response Unit）等。在对城区流域划分子汇水单元时不仅要考虑其地形还需考虑到城市街区的实际情况。GIS 按照 DEM 自动提取高程信息数据划分子单元后按照街区特点进行修正，最终每个小汇水单元以一组属性值表示其各种下垫面特征，如：面积、坡度、不透水面积率等。再依据水文水力学定律和每个子汇水流域产汇流规律求解偏微分方程组得到模拟结果。

地表产流过程主要描述降雨落到地面产生有效径流的过程。在模型中，将用地类型分为四类：没有滞蓄容积的透水表面、有滞蓄容积的透水表面、没有滞蓄容积的不透水表面和有滞蓄容积的不透水表面。对于没有滞蓄容积的不透水的地表，降雨扣除蒸发量后成为径流量。对于有滞蓄容积的不透水的地表降雨扣除蒸发量和滞蓄量后等于径流量。对于透水地面，先扣除填洼损失量和蒸发量后用渗透模型计算下渗损失量。其常用的渗透模型有 Horton、Green-Ampt 和 Curve Number Models。本次建模采用 Horton 渗透模型（表 5-1）。

渗透模型算法及特点

表 5-1

| 模型名称 | 模型算法 | 模型特点 |
| --- | --- | --- |
| Horton | Horton 模型认为下渗率是时间的函数：<br>$$f_t = f_c + (f_0 - f_c)\exp(-kt) \quad (5\text{-}1)$$<br>式中　$f_0$ 为初渗率；$f_c$ 为稳渗率；$k$ 为入渗递减率；$f_t$ 为 $t$ 时刻入渗率。<br>透水地面产流的计算在扣除填洼损失后比较同一时段的暴雨强度和下渗率来计算产流规模 | 数据准备相对简单，精度适合中小流域模拟计算 |
| Green-Ampt | 其将入渗分为土壤饱和前和土壤饱和后两个阶段来计算下渗量。在饱和前，下渗率等于降雨强度，当降雨强度小于等于土壤水力传导率时，饱和累积下渗量<br>$$F_S = \frac{S \cdot IMD}{i/K_S - 1} \quad (5\text{-}2)$$<br>土壤饱和后，下渗率 $f$ 等于稳渗率，稳渗率<br>$$f_p = K_S\left(1 + \frac{S \cdot IMD}{F}\right) \quad (5\text{-}3)$$<br>式中　$S$ 为湿润峰处的平均毛细管吸力；$IMD$ 为湿度亏损值；$K_S$ 为土壤水力传导率 | 偏物理基础模型，要求详细的土壤资料，数据准备繁杂 |
| Curve Number Models | 类似于 SCS 模型，其计算公式如下：<br>$$S = 25.4\left(\frac{1000}{CN} - 10\right) \quad Q = \frac{(R - 0.2S)^2}{(R + 0.8S)} \quad (5\text{-}4)$$<br>式中　$Q$ 为径流量；$R$ 为降雨量；$S$ 为水土保持参数；$CN$ 为流域综合特性参数，与土地下垫面条件有关 | 式中只有一个反映流域综合特征的参数 $CN$，方法简单，计算方便，该模型广泛用于大尺度流域模型的下渗计算 |

流域的汇流包括地面的汇流部分和管网汇流部分。地面汇流计算是把每个子汇水单元作为一个非线性水库处理，联立求解曼宁方程和连续性方程。

雨水在排水系统内的传输由线（Links）和点（Nodes）组成，任何排水系统可概化为"节点-连接管-出口"。其中，检查井、堰、坝、水库、滞留塘等可视为节点；管道、泵站、截流孔等视为连接管，其断面形式在模型中可设定为圆形、矩形、梯形和马鞍形。管道中的水流模拟计算是采用连续性方程和动量方程联立求解。本模型提供 Kinematic Wave Routing 和 Dynamic Wave Routing 两种方式进行模拟计算（表 5-2）。

**Kinematic Wave Routing 和 Dynamic Wave Routing 计算方法**　　表 5-2

| 模拟方式 | 计算方法 | 特点 |
|---|---|---|
| Kinematic Wave Routing | 联立求解动量方程和连续性方程并采用简化解，摩擦阻力由曼宁公式计算得到：<br>$$Q = \frac{1}{n} \cdot A \cdot R^{2/3} \cdot S^{1/2} \qquad (5\text{-}5)$$ | 不能计算管道内回水、有压流，只能计算树状管网。采用较大的时间步长进行模拟 |
| Dynamic Wave Routing | 联立求解动量方程和连续性方程，通过求解完整的一维圣维南方程，得到理论上的精确解 | 可以模拟管道内回水、有压流，可计算环状管网。采用短时间步长进行模拟 |

模型空间数据分为以下四层：高程数据（DEM）、水体数据、土地利用数据和排水管网数据（图 5-1）。

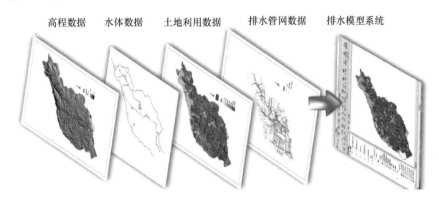

高程数据　　水体数据　　土地利用数据　　排水管网数据　　排水模型系统

图 5-1　系统空间数据分层示意图

1）模型验证

采用模型确定性效率系数 Nash-Suttcliffe 系数 $E_{ns}$ 评价模拟结果。

$$E_{ns} = 1 - \frac{\sum\limits_{i=1}^{n} (x_i - y_i)^2}{\sum\limits_{i=1}^{n} (x_i - \bar{x})^2} \qquad (5\text{-}6)$$

式中　$x_i$ 和 $y_i$ 分别为 $i$ 时刻的实测和模拟的径流量，$n$ 为时段总数，是实测流量的平均值。一般认为 Nash-Suttcliffe 系数 $E_{ns}$ 达到 0.90 以上为甲等，表示模拟结果非常准确；0.89～0.70 为乙等，表示模拟结果比较准确；0.69～0.50 为丙等；小于 0.50 则认为模拟结果不可信。

参数感性分析采用 McCuen 方法：特定参数的模拟结果敏感性是指这个所选参数轴方向上响应面的局部梯度。用一个标准化敏感性指数来作如下定义：

$$S_i = \frac{\mathrm{d}Z/\mathrm{d}x_i}{x_i} \qquad (5\text{-}7)$$

式中　$S_i$ 是 $i$，其值为 $x_i$ 的敏感性指数，$Z$ 为在参数空间那个点上的变量值或者敏感性能量度标准。在模型其他参数值已知的情况下，如简单模型的解析解和有限差分数学解，将 $x_i$ 上下变动一点观察 $Z$ 的变化，来估计相应面的局部梯度。在本模型中，对所有输入参数进行敏感性分析，分析输出结果的检验包括子汇水区模拟结果、管道模拟结果和节点模拟结果三方面。

2）排放能力评估分析

基于山地城市小流域暴雨径流模型对城市现有的排水系统的排放能力进行评估。排放能力主要考察场次降雨过程下管道内流量和充满度的变化情况以及检查井内的水位变化，筛选出长时间处于满流的管道、溢流的检查井。排水能力评估具体分析以下三方面：

管道内流量评估：采用暴雨径流模型对场次暴雨进行模拟计算后，得到降雨后的管道内流量过程。对比管内流量的计算结果和管道自身最大的排水能力，得到排水管道的承载状态。其中，管道自身的排水能力计算是将管道内水流状态简化为均匀流，采用流量公式和流速公式计算。

管道内充满度评估：采用暴雨径流模型对场次暴雨进行模拟计算后，得到降雨后的管道内充满度的变化情况。对比结果中管道末端水流高度和管道自身管径，得到现有排水系统的承载状态。

检查井溢流个数评估：采用暴雨径流模型对场次暴雨进行模拟计算后，对比管道末端检查井内水流高度的计算结果和管道埋深，从而分析得到此检查井是否向外溢水来评价排水系统的排放能力。

**2. 现有雨水排水系统风险分析方法**

采用基于 AHP（层次分析法）的模糊综合评价方法，对排水系统风险进行评价。AHP 是对定性问题进行定量分析的一种简便、灵活而又实用的多准则决策方法，是一种将决策者对复杂系统的决策思维过程模型化、数量化的过程。模糊数学方法，是一种研究和处理模糊现象的新型数学方法，广泛运用自然科学和社会科学研究的各个领域，并不断成熟完善。通过这两者结合，可以更为便捷有效地计算排水系统风险值。由于重庆地貌特征复杂，影响因素太多，排水系统风险评价指标体系中无法包括风险因素分析中的所有因素，仅选取最为关键的几个因素，构成风险评价指标体系。

在单因素评价的基础上，对线路方案进行综合评价即多因素评价，即可得出排水风险模糊综合评价的最终结果，以结果为依据即可作出相应决策。此后对多因素模糊评价进行归一化处理，得到的数值即为排水系统的模糊综合评价的最终得分，得分越高的系统说明其风险就越大。通过事先设置的风险阈值，对排水系统风险进行归类，判断其风险级别，根据这一风险级别实施相应的检修或维护管理工作。本文根据《重庆市主城排水系统事故灾难应急预案》将主城排水系统风险由低到高划分为：一般风险Ⅲ级；重大风险Ⅱ级和特别重大风险Ⅰ级三级预警，分别以蓝色、黄色、红色对应标识。

Ⅲ级：蓝色，排水系统运行中没有遇到严重威胁，对主城排水系统造成的危害程度及产生的后果局限在局部范围内，对周边环境影响较小及对系统运行不构成较大影响，可在短时间内得到有效的控制和处置。

Ⅱ级：黄色，系统运行风险加大，影响范围涉及周边环境，但可在较短时间内得到有效的控制和处置，应安排人员进行维护。

Ⅰ级：红色，主城排水系统重大突发事故事件或险情，面临重大风险，在较长时间才能得到控制和处置，需马上安排施工人员参与抢修和维护，避免出现不可逆转的排水灾害。

以上三级预警所对应的风险值需选择与实际相符的标准计算后得出，选取适当样本点进行模糊综合评价的应用，根据计算结果以给出三级预警分别对应的风险值。

### 5.1.2 结果与分析

#### 1. 研究区雨水排放系统排放能力评估

根据 2010 年盘溪河流域实测数据和资料，选取 2010 年 6 月 7 日和 2010 年 7 月 4 日雨量计记录的两场典型暴雨降雨过程进行模拟。2010 年 6 月 7 日暴雨降雨历时 23.4h，降雨峰值历时约 30min，平均降雨强度 0.038mm/min，最大降雨强度 2.2mm/min。2010 年 7 月 4 日降雨历时 6h，为双峰型暴雨，降雨峰值历时约 60min，平均降雨强度 0.24mm/min，最大降雨强度 0.54mm/min。

模型模拟盘溪河出口径流量。2010 年 6 月 7 日结果显示由于降雨量小，降雨时间较长，径流量缓慢增加并存在波动，无明显洪峰时刻。模拟结果与实测数据的效率系数 $E_{ns}$ 为 0.56，相对误差 11.8%。2010 年 7 月 4 日结果显示随着降雨的进行，径流量逐渐增加，洪峰时刻出现在 16：00 和 17：40，滞后于降雨。模拟结果与实测数据的效率系数 $E_{ns}$ 为 0.76，相对误差 8.82%。模拟两块相邻、面积相同的子汇水区地表径流过程，其中商业区汇水单元不透水面积率为 84.9%，而相邻的绿地不透水面积率为 22.03%，模拟结果显示其径流峰值均发生在 15：40。相关学者提出对于平原城区洪峰时刻随地表不透水率增加而提前。笔者认为在山地城市，由于地表坡度大，汇流时间短，洪峰到来时刻比平原地区更早，坡度对峰值到来时间的影响大于不透水面积率对其的影响（图 5-2）。

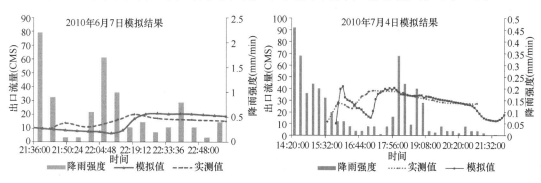

图 5-2 盘溪河流域径流过程模拟结果

对模型参数进行敏感性分析，以 5% 为步长，最大变幅 10%。检验结果（图 5-3）显示在本模型中汇水区地表径流量、节点水头、节点流量和管道流量受参数波动影响较大。对于地表径流量，最显著的影响参数是面积和曼宁系数，当面积和曼宁系数分别增加 5% 时，地表径流量增加 7.69%；对于节点水头，径流宽度、坡度和不透水面积率对其影响是显著的，当上述参数在 ±5% 之间变化时，节点水头会分别同向增加或减少 25%；对于

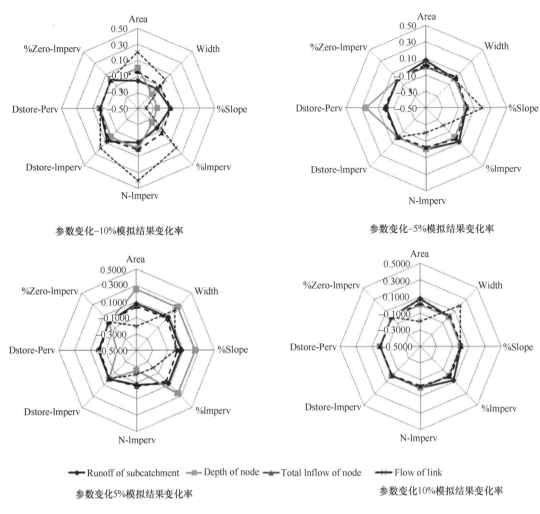

参数变化-10%模拟结果变化率

参数变化-5%模拟结果变化率

-◆- Runoff of subcatchment   -■- Depth of node   -▲- Total lnflow of node   -✕- Flow of link

参数变化5%模拟结果变化率

参数变化10%模拟结果变化率

图 5-3   模型参数敏感性分布玫瑰图

管道中流量，最显著的影响参数是坡度，坡度增加 5%，地表径流量增加 20%；对于进入节点的流量，径流宽度是最敏感的，径流宽度减少 10%，流量减少 9.58%。综上，对模型输出结果影响最显著的参数是径流宽度、坡度和不透水面积率。Zaghloul 曾对某设计流域 SWMM 模型各参数做过敏感性分析，其结果显示最敏感的参数依次为不透水面积率、径流宽度和管材。有学者采用 Generalized Likelihood Uncertainty Estimation（GLUE）方法对平原城市降雨径流模型参数的不确定性进行了分析，结果显示汇水区不透水面积率、不透水地表滞水量和不透水区曼宁系数三个参数具有较高的灵敏度，另有学者采用逐步回归法（Stepwise Regression）对北京某区城市降雨模型进行参数灵敏度分析，分析结果显示在雨强较小（10.5mm）的情况下，透水区参数灵敏度很小，雨强较大（52.5mm）的情况下，管道曼宁系数是决定峰值流量与峰值发生时间的关键参数。由于本模型流域模拟对象为山地城市，汇水区坡度较大，多短时大暴雨，因此坡度对模型的影响大于不透水区洼地蓄积量参数。

对比暴雨下排水管道的流量 $Q'$ 与管道自身最大排水能力 $Q$ 得到基于流量评价的评估

结果（表5-3）。一年一遇暴雨下，有4根排水管道长时间处于满流状态，占总数的0.08％；二十年一遇暴雨下，有50根排水管道长时间处于满流状态，存在2.25％的管道流量超载；五十年一遇暴雨下，有91根排水管道长时间处于满流状态，存在5.12％的管道流量超载；百年一遇暴雨下，有105根排水管道长时间处于满流状态，存在6.98％的管道流量超载。

基于管道内流量评价的评估结果

表5-3

| 管道内流量比 | 管道根数 | | | |
| --- | --- | --- | --- | --- |
| | 百年一遇暴雨 | 五十年一遇暴雨 | 二十年一遇暴雨 | 一年一遇暴雨 |
| ＜5％ | 2224 | 2310 | 2728 | 3278 |
| 5％～10％ | 262 | 413 | 518 | 520 |
| 10％～20％ | 427 | 479 | 469 | 477 |
| 20％～30％ | 309 | 269 | 352 | 198 |
| 30％～40％ | 182 | 294 | 153 | 122 |
| 40％～50％ | 154 | 185 | 93 | 72 |
| 50％～60％ | 207 | 114 | 91 | 15 |
| 60％～70％ | 120 | 115 | 34 | 22 |
| 70％～80％ | 122 | 64 | 84 | 13 |
| 80％～90％ | 62 | 58 | 40 | 12 |
| 90％～100％ | 59 | 36 | 38 | 1 |
| ＞100％ | 105 | 91 | 50 | 4 |

基于上述评价结果，绘制排水系统排水负荷渲染图，图中用不同颜色表示了不同的排水负荷等级（图5-4）。

一年一遇暴雨　　　　　　　　　　五年一遇暴雨

二十年一遇暴雨　　　　　　　　　百年一遇暴雨

图5-4 排水系统排水能力评估渲染图

**2. 研究区雨水排放系统风险分析**

对重庆主城现有排水系统风险分析的研究中，选择三个具有代表性的样本点，使用基于 AHP 的模糊综合评价方法对该三个样本点的排水系统风险值进行了计算，结果表明该方法十分有效、可靠。根据计算结果给出了符合重庆市排水实际情况的风险预警阈值，为今后排水系统风险测定和预警提供了一定的参考标准，提高了排水系统维护效率，简化了维护工作难度。

1）示范点概况

示范点一：选择重庆市"8·4"暴雨积水严重的机场路泰山电缆段。机场路位于重庆市渝北区，是连接重庆市区与机场的一条快速路。2009 年 8 月因连续暴雨导致机场路 K1803＋700～K1802＋550（即泰山电缆段）路面积水深达 1m，导致车辆无法通行，致使机场高速公路停止通行。

根据现场调查以及材料分析，发现该段属于道路最低点，道路边沟和过街涵洞雨水均汇流至此，下游仅通过现状 D800 的雨水管道排放入肖家河。由于现状管网管径不足同时还存在严重的破损及堵塞，雨水过流量大大降低，因此造成严重积水。经过研究，该段排水系统具有极大的排水风险，影响其排水不畅的因素均是重要因素，事实也证明存在严重的风险隐患，在存在风险的排水系统中具有代表作用。

示范点二：选择重庆市"7·14"暴雨未发生而"8·4"暴雨发生排水不畅的巴南区花溪工业园区道路处。花溪工业园片区位于巴南区花溪镇境内，因为地理位置的原因，周边山坡大量雨水汇流到园区，原有道路排水系统无法满足暴雨时排水的要求。在"8·4"暴雨时发生了暴雨积水导致交通拥堵，影响了市民正常生产生活。

根据分析，该段道路排水系统属于较为完善的系统，在正常环境下并没有存在安全隐患。然而，随着花溪工业园的进一步发展，现场环境发生了较大的改变，使原有的排水系统在特定的情况下不能满足需求。另一方面，客观条件也成为了该系统风险的催化剂，正常下雨条件下系统尚能保证排水，但是遇见暴雨便会积水。因此，该系统属于本身有风险但也受外界条件影响较大的情况，在内部存在一定风险，同时需要外部激化的不确定排水系统中具有代表作用。

示范点三：选择两次特大暴雨均未发生的渝北区龙山大道处。渝北区龙山大道排水系统位于重庆市渝北区冉家坝片区，由于该处属于渝北区重点打造的新开发地段，因此道路的排水系统无论是设计标准还是建设标准均高于其他道路。该系统实际上也经受住了"7·14"暴雨及"8·4"暴雨两次特大暴雨的考验，在不存在风险的排水系统中具有代表作用。

2）示范地模糊综合评价

根据示范点模糊综合评价结果，三处示范点中机场路泰山电缆段排水风险最大，其次是巴南区花溪工业园区道路处，相对较小的是渝北区龙山大道处。这与实际情况完全吻合，所建模型具有可信性。

另一方面，由于示范点选择具有代表性，机场路泰山电缆段表明的是一定存在排水风险的系统，计算得到的值为 3.422；巴南区花溪工业园区道路处表明的是可能存在风险的系统，计算得到的值为 2.559；渝北区龙山大道处表明的是没有风险的系统，计算得到的值为 1.366。根据所划分的系统风险三级预警，参照计算结果，可将风险阈值如表 5-4 所示进行定义划分。

风险阈值划分表　　　　　　　　　　　　　　　　　　表 5-4

| 阈值分段 | Ⅰ级：红色 | Ⅱ级：黄色 | Ⅲ级：蓝色 |
| --- | --- | --- | --- |
| 计算值 | 大于 3.422 | 3.422～1.366 之间 | 小于 1.366 |

表 5-4 给出了符合重庆市排水实际情况的风险预警阈值，对于计算值落在风险段内的系统，必须进行整改，否则必然成为排水堵点；对于落在安全段内的系统，较为安全，不用整治就能实现排水功能；而对于安全储备段中的系统要根据实际情况区分对待，同时不建议挖掘 3.422～2.559 之间的储备。

风险阈值计算时选择了比较有代表性的三个样本点，分别代表有风险、可能有风险、没有风险。在排水系统风险评价体系基础上按照模糊综合评价的一般过程对三个样本点进行了评价，得出了比较合理的结果，得到了排水风险阈值。

模型建立的基础上，不改变山地城市的客观条件及专家库，重新计算三个试验点，得到三个不同的风险值。经过分析，处于旧建管道及重庆泄洪通道管网化的排水系统存在大的风险，而随着排水系统的更新及管网的系统化，排水风险逐渐减少，计算结果符合重庆市客观情况，模型具有普用性。

在流域、管道、客观等三个影响因素权重确定的前提下，一个安全的管网系统变化为不安全的系统，客观因素要变化 15 倍；流域要变化 7 倍；管道要变化 2 倍。一方面验证了权重的合理性，另一方面，又指出在影响排水管网三因素中控制安全的系统管网部分风险不得超过 2 倍；流域部分不得超过 7 倍，而客观因素则有较为宽松的警戒。

在以后对重庆市排水系统评价时可不被动地等产生排水不畅后整治，也不必盲目整治本没有风险的系统。对排水系统进行统一梳理，对落在风险段内的系统立即整治，对安全段内的系统可不作改进。更进一步讲，落在风险段内的系统，重点考察影响权重最大的现状及规划，有计划、科学地解决排水问题。

## 5.2　泄洪排涝关键节点识别技术研究

### 5.2.1　研究方法

基于山地城市小流域暴雨径流模型对城市现有的排水系统的排放能力进行评估。以城市排水系统暴雨径流的水流运动为主要模拟对象，基于城市暴雨径流模型，根据现状汇水区排水系统、河道和天然池塘湖泊，针对场次降雨数据模拟出城市内涝点，再根据下垫面条件甄选出泄洪排涝关键节点。

排放能力主要考察场次降雨过程下管道内流量和充满度的变化情况以及检查井内的水位变化，筛选出长时间处于满流的管道、溢流的检查井。排水能力评估具体分析以下三方面：

（1）管道内流量评估：采用暴雨径流模型对场次暴雨进行模拟计算后，得到降雨后的管道内流量过程。对比管内流量的计算结果和管道自身最大的排水能力，得到排水管道的承载状态。其中，管道自身的排水能力计算是将管道内水流状态简化为均匀流，采用流量公式和流速公式计算。

（2）管道内充满度评估：采用暴雨径流模型对场次暴雨进行模拟计算后，得到降雨后的管道内充满度的变化情况。对比结果中管道末端水流高度和管道自身管径，得到现有排水系统的承载状态。

（3）检查井溢流个数评估：采用暴雨径流模型对场次暴雨进行模拟计算后，对比管道末端检查井内水流高度的计算结果和管道埋深，从而分析得到此检查井是否向外溢水来评价排水系统的排放能力。

### 5.2.2　结果与分析

研究区位于重庆市江北区盘溪河流域，重庆嘉陵江一级支流，盘溪河流域属低山丘陵地貌，流域略呈长条形，自然地形由东北向西南方向逐级降低，周边高，中心低。周边海拔标高在 270～460m，河流腹地标高在 230～360m 之间。流域长向约 10km，宽约 4.5km，根据自然山脊线划分，流域总面积 32.01km²。根据研究区的土地利用类型图（图 5-5），统计得到各种土地类型面积及其百分比（表 5-5）。

图 5-5　示范区土地利用类型图

流域土地利用类型面积统计表　　表 5-5

| 编号 | 土地类型 | 面积(m²) | 占总面积比例(%) |
|---|---|---|---|
| 1 | 人工绿地 | 11453177.06 | 35.78% |
| 2 | 待开发区 | 1998016.26 | 6.24% |
| 3 | 铺砌地面 | 4445553.29 | 13.89% |
| 4 | 天然林地 | 4039312.36 | 12.62% |
| 5 | 建筑用地 | 4627201.36 | 14.45% |
| 6 | 水体 | 735883.95 | 2.30% |
| 7 | 裸地 | 266544.10 | 0.83% |
| 8 | 道路 | 4447904.46 | 13.89% |

对盘溪河流域的次暴雨的降雨径流过程进行模拟分析。本次降雨 120min，最大降雨强度 1.67mm/min，平均降雨强度 1mm/min，共降雨 119.04mm（图 5-6）。

模拟结果显示存在关键节点 22 个（表 5-6）。

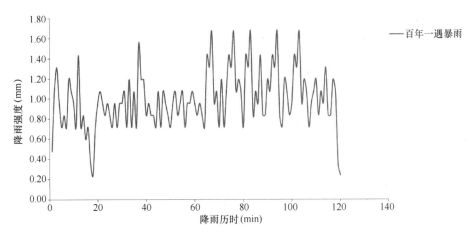

图 5-6　次暴雨降雨过程线

大部分节点位于流域的东南方，50％的关键节点为道路积水点。由于山地城市道路的坡度常常变化剧烈，且道路的不透水率高，易形成内涝点。

泄洪排涝关键节点计算结果　　　　　　　　　　　　　　　　　　表 5-6

| 编号 | 名称 | X 坐标 | Y 坐标 | 下垫面类型 |
|---|---|---|---|---|
| 1 | J1426 | 57096.010 | 74052.250 | 道路 |
| 2 | J1427 | 57095.260 | 73982.250 | 道路 |
| 3 | J4470 | 55530.270 | 72703.840 | 道路 |
| 4 | J1428 | 57098.590 | 73911.700 | 道路 |
| 5 | J2472 | 57932.260 | 71375.970 | 建筑用地 |
| 6 | J1438 | 57435.250 | 73759.380 | 道路 |
| 7 | J4319 | 55670.360 | 70534.940 | 建筑用地 |
| 8 | J3876 | 56346.420 | 70968.690 | 道路 |
| 9 | J3875 | 56376.400 | 70969.950 | 内部道路以及硬化的地面 |
| 10 | J4166 | 56406.210 | 70966.630 | 内部道路以及硬化的地面 |
| 11 | J4167 | 56436.030 | 70963.300 | 内部道路以及硬化的地面 |
| 12 | J4168 | 56465.840 | 70959.980 | 内部道路以及硬化的地面 |
| 13 | J3392 | 55286.950 | 70277.480 | 建筑用地 |
| 14 | J4169 | 56495.660 | 70956.660 | 内部道路以及硬化的地面 |
| 15 | J4170 | 56525.480 | 70953.340 | 内部道路以及硬化的地面 |
| 16 | J2453 | 58078.600 | 71178.820 | 建筑用地 |
| 17 | J2456 | 58030.390 | 71185.830 | 内部道路以及硬化的地面 |
| 18 | J4171 | 56555.290 | 70950.020 | 内部道路以及硬化的地面 |
| 19 | J2457 | 58003.320 | 71198.770 | 建筑用地 |
| 20 | J2458 | 57976.380 | 71211.980 | 道路 |
| 21 | J2785 | 58029.860 | 72862.950 | 道路 |
| 22 | J2787 | 57999.860 | 72862.560 | 道路 |

利用城市暴雨内涝数学模型对盘溪河流域的暴雨过程进行了模拟。模拟结果表明：该示范流域存在泄洪排涝关键节点 22 个，预测结果的 17 个节点与"7·17"暴雨的 13 个洪涝灾害点一致，通过模型识别洪涝灾害吻合度为 76%。说明城市暴雨径流模型的模拟结果是可靠、可信的，模型具有良好的适用性。该模型还有待在实际应用中不断调试、完善。

## 5.3　新产汇流条件的雨水排水系统设计与改造研究

### 5.3.1　研究方法

#### 1. 重庆主城强降雨规律的研究

1）重庆主城极端降雨特性变化分析

近年来随着城市路面硬化比例不断扩大，城市化区域降雨特性发生较大改变，某些地区极端径流特性变化非常显著。重庆市自从直辖以来，经济发展迅猛，城市下垫面不透水性迅速加大，极端暴雨发生的频率明显增加。从重庆主城沙坪坝区气象局获得的数据显示：1970～1979 年重庆市发生大暴雨的次数为 2 次，1980～1989 年发生大暴雨的次数为 3 次，1990～1999 年发生大暴雨的次数为 8 次，特大暴雨 1 次，并且在 1995 年、1996 年、1998 年单独一年内下了两次大暴雨，2000～2009 年发生大暴雨的次数为 4 次，特大暴雨 1 次，并为 115 年一遇。由此可知，近年的暴雨及特大暴雨次数明显增加。将 1980～2009 年每年最大一小时降雨量绘制成曲线（图 5-7），可知近年有明显增大趋势，尤其在 2000 年以后曲线的斜率更是达到最大，表明 2000 年以后极端降雨增大幅度达到最大。而现行的暴雨强度公式推导数据只有 8 年，而且时间为 1973 年之前，基础资料陈旧，已经不符合当前的极端降雨实际特性。因此，所表达的暴雨强度—降雨历时—设计重现期三者之间的关系，显然已经不能符合当下的实际情况，应该予以修正。

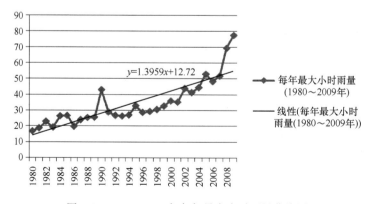

图 5-7　1980～2009 年各年最大小时雨量曲线图

2）重庆市主城暴雨资料的选样

重庆市主城沙坪坝区气象局是重庆主城降雨资料记录最完备的气象站。本研究从沙坪坝区气象局取得 1980～2009 年自记雨量计所记录数据。结合《室外排水设计规范》GB

50014（2016 年版）的要求每场暴雨取 5min、10min、15min、20min、30min、45min、60min、90min、120min 9 个历时段的最大降雨，按照年最大值法、年超大值法、年多个样法分别进行选样统计。用年多个样法选样时，每年各历时选取四个最大的雨样；用年超大值法选样时，大雨较多年份每年选取 2～3 个雨样，大雨较少年份每年各历时选取 1 个雨样。任取 10min、60min、120min 历时的雨强，在单对数坐标纸上绘出不同选样方法下的 $i$-$\lg T$ 分布图，如图 5-8 所示。

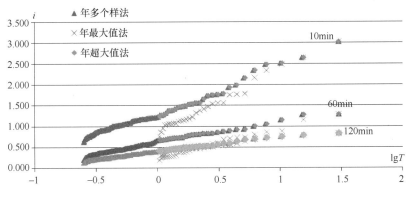

图 5-8　不同选样方法下的 $i$-$\lg T$ 分布图

同一频率下，年多个样法和年超大值法选样的结果较年最大值法大。这主要是因为年最大值法选样忽略了大雨年份中较大的雨样，而这些雨样在年超大值法和年多个样法中被选取了。故在同一频率下在年最大值法中选取的为小雨年份雨样，而在年多个样法或年超大值法中选取的可能为大雨年份的次大雨样，而后者较之于前者更大。曲线显示在小重现期 1～10 年内，年最大值法选取的雨样明显小于年多个样法和年超大值法所选取的雨样。但重现期在 10 年以上时，二者基本差异较小。因此，采用年最大值法选样不能客观地反映低重现期范围的雨样统计规律，在现代排水设计中该选样方法存在问题。

年多个样法选择的最小重现期为 0.25 年，不会遗漏较大雨样，在小重现期部分能较真实地反映城市排水设计常用重现期范围内的雨样统计规律。在理论上更适合城市排水工程的设计。故在 2006 年修订《室外排水设计规范》GB 50014—2006 时，仍将其作为编制暴雨强度公式的推荐选样方法。

年超大值法与年多个样法选样结果相近，二者在重现期 1 年以上数据完全吻合，只不过年多个样法的尾部更长。当设计重现期小于 1 年时，年超大值法可以根据上部点距适线，然后向下外延，由于外延不多，不会明显影响精度。况且现行的排水设计，选用重现期时很少选用 1 年以下的重现期，而目前我国的排水设计中，重现期相对于发达国家，取值普遍偏低，在近年的极端降雨中城市普遍出现"内涝"现象，一些学者也呼吁提高排水设计的重现期标准。重庆市的排水设计更是重现期普遍大于 1 年。故年超大值法选样值得推荐。

3）重庆主城设计暴雨频率分布模型及其参数优化

耿贝尔分布曲线模型是由耿贝尔在 1941 年第一次将极值项分布第一形式应用于年最大值法选样的水文统计，从而导出的分布曲线模型。国际及国内研究表明，该分布曲线模型，适用于年最大值法选取的统计样本频率分布。

沙坪坝区气象局 1980～2009 年的自记雨量计数据经过年最大值法、年多个样法、年超大值法选出样本后，年最大值法选取的样本其频率分布计算采用耿贝尔分布曲线模型，年多个样法、年超大值法均采用耿贝尔分布曲线模型、负指数分布曲线模型、皮尔逊 Ⅲ 型分布曲线模型计算，并且皮尔逊-Ⅲ 型分布曲线采用适线法求解参数、其他采用最小二乘法求解参数。得到不同选样方法、不同频率分配模型下的暴雨强度—降雨历时—设计重现期数据表（即 $i$-$t$-$T$ 数据表）（表 5-7～表 5-14）。

$i$-$t$-$T$ 数据表（负指数分布—年多个样法—矩法求参）　　　表 5-7

| $TE \backslash t$ | 5 | 10 | 15 | 20 | 30 | 45 | 60 | 90 | 120 |
|---|---|---|---|---|---|---|---|---|---|
| 0.25 | 0.996 | 0.709 | 0.518 | 0.434 | 0.390 | 0.314 | 0.288 | 0.211 | 0.172 |
| 0.333 | 1.124 | 0.830 | 0.634 | 0.544 | 0.490 | 0.391 | 0.352 | 0.261 | 0.215 |
| 0.5 | 1.306 | 1.003 | 0.798 | 0.701 | 0.633 | 0.500 | 0.442 | 0.330 | 0.276 |
| 1 | 1.615 | 1.296 | 1.077 | 0.967 | 0.876 | 0.685 | 0.596 | 0.449 | 0.380 |
| 2 | 1.925 | 1.590 | 1.356 | 1.234 | 1.119 | 0.871 | 0.750 | 0.568 | 0.485 |
| 3 | 2.106 | 1.762 | 1.519 | 1.390 | 1.261 | 0.980 | 0.840 | 0.637 | 0.546 |
| 5 | 2.334 | 1.978 | 1.725 | 1.586 | 1.440 | 1.116 | 0.954 | 0.725 | 0.623 |
| 10 | 2.644 | 2.272 | 2.004 | 1.853 | 1.683 | 1.302 | 1.108 | 0.844 | 0.727 |
| 20 | 2.954 | 2.566 | 2.283 | 2.120 | 1.925 | 1.487 | 1.262 | 0.963 | 0.832 |
| 50 | 3.363 | 2.954 | 2.652 | 2.472 | 2.246 | 1.733 | 1.466 | 1.120 | 0.970 |
| 100 | 3.673 | 3.248 | 2.931 | 2.739 | 2.489 | 1.918 | 1.620 | 1.238 | 1.074 |

$i$-$t$-$T$ 数据表（负指数分布—年多个样法—最小二乘法求参）　　　表 5-8

| $TE \backslash t$ | 5 | 10 | 15 | 20 | 30 | 45 | 60 | 90 | 120 |
|---|---|---|---|---|---|---|---|---|---|
| 0.25 | 1.003 | 0.705 | 0.514 | 0.432 | 0.383 | 0.308 | 0.282 | 0.208 | 0.168 |
| 0.333 | 1.129 | 0.827 | 0.630 | 0.543 | 0.486 | 0.387 | 0.348 | 0.258 | 0.212 |
| 0.5 | 1.308 | 1.001 | 0.796 | 0.700 | 0.631 | 0.498 | 0.440 | 0.329 | 0.275 |
| 1 | 1.613 | 1.298 | 1.078 | 0.968 | 0.878 | 0.687 | 0.598 | 0.450 | 0.382 |
| 2 | 1.918 | 1.594 | 1.361 | 1.235 | 1.125 | 0.877 | 0.755 | 0.571 | 0.489 |
| 3 | 2.096 | 1.768 | 1.526 | 1.392 | 1.270 | 0.988 | 0.848 | 0.642 | 0.551 |
| 5 | 2.321 | 1.986 | 1.734 | 1.589 | 1.452 | 1.128 | 0.964 | 0.731 | 0.630 |
| 10 | 2.626 | 2.283 | 2.016 | 1.857 | 1.699 | 1.318 | 1.122 | 0.853 | 0.737 |
| 20 | 2.931 | 2.579 | 2.298 | 2.125 | 1.946 | 1.507 | 1.279 | 0.974 | 0.844 |
| 50 | 3.334 | 2.971 | 2.672 | 2.479 | 2.273 | 1.758 | 1.488 | 1.134 | 0.985 |
| 100 | 3.639 | 3.268 | 2.954 | 2.747 | 2.520 | 1.948 | 1.646 | 1.255 | 1.092 |

**i-t-T 数据表（皮尔逊-Ⅲ型—一年多个样法—适线法求参）**　　　表 5-9

| TE \ t | 5 | 10 | 15 | 20 | 30 | 45 | 60 | 90 | 120 |
|---|---|---|---|---|---|---|---|---|---|
| 0.25 | 1.096015 | 0.782 | 0.668 | 0.539 | 0.421 | 0.288 | 0.248 | 0.179 | 0.149 |
| 0.333 | 1.099777 | 0.788 | 0.668 | 0.540 | 0.429 | 0.305 | 0.266 | 0.193 | 0.160 |
| 0.5 | 1.120117 | 0.814 | 0.673 | 0.553 | 0.461 | 0.348 | 0.310 | 0.228 | 0.188 |
| 1 | 1.215338 | 0.917 | 0.720 | 0.623 | 0.564 | 0.453 | 0.405 | 0.302 | 0.250 |
| 2 | 1.400955 | 1.103 | 0.853 | 0.774 | 0.728 | 0.591 | 0.524 | 0.394 | 0.330 |
| 3 | 1.519933 | 1.217 | 0.952 | 0.874 | 0.825 | 0.667 | 0.587 | 0.443 | 0.373 |
| 5 | 1.747641 | 1.433 | 1.154 | 1.070 | 1.003 | 0.800 | 0.696 | 0.527 | 0.447 |
| 10 | 2.050536 | 1.716 | 1.440 | 1.335 | 1.230 | 0.963 | 0.828 | 0.628 | 0.537 |
| 20 | 2.375099 | 2.015 | 1.759 | 1.622 | 1.467 | 1.128 | 0.960 | 0.729 | 0.628 |
| 50 | 2.828415 | 2.430 | 2.217 | 2.026 | 1.791 | 1.349 | 1.135 | 0.863 | 0.749 |
| 100 | 3.178029 | 2.749 | 2.577 | 2.340 | 2.038 | 1.515 | 1.265 | 0.962 | 0.839 |

**i-t-T 数据表（耿贝尔分布—一年最大值法—最小二乘法求参）**　　　表 5-10

| TE \ t | 5 | 10 | 15 | 20 | 30 | 45 | 60 | 90 | 120 |
|---|---|---|---|---|---|---|---|---|---|
| 0.25 | 0.80 | 0.54 | 0.38 | 0.33 | 0.27 | 0.22 | 0.19 | 0.17 | 0.14 |
| 0.333 | 0.95 | 0.68 | 0.49 | 0.43 | 0.38 | 0.35 | 0.27 | 0.25 | 0.21 |
| 0.5 | 1.16 | 0.87 | 0.65 | 0.58 | 0.54 | 0.48 | 0.36 | 0.32 | 0.27 |
| 1 | 1.51 | 1.21 | 0.92 | 0.90 | 0.84 | 0.67 | 0.50 | 0.44 | 0.38 |
| 2 | 1.87 | 1.54 | 1.20 | 1.21 | 1.10 | 0.86 | 0.61 | 0.56 | 0.49 |
| 3 | 2.08 | 1.74 | 1.36 | 1.39 | 1.26 | 0.97 | 0.69 | 0.64 | 0.55 |
| 5 | 2.34 | 1.99 | 1.56 | 1.62 | 1.45 | 1.11 | 0.80 | 0.73 | 0.63 |
| 10 | 2.70 | 2.33 | 1.83 | 1.93 | 1.71 | 1.30 | 0.94 | 0.85 | 0.74 |
| 20 | 3.05 | 2.66 | 2.10 | 2.25 | 1.98 | 1.49 | 1.09 | 0.97 | 0.85 |
| 50 | 3.52 | 3.11 | 2.46 | 2.66 | 2.33 | 1.74 | 1.28 | 1.13 | 0.99 |
| 100 | 3.88 | 3.44 | 2.73 | 2.97 | 2.59 | 1.93 | 1.42 | 1.26 | 1.10 |

**i-t-T 数据表（耿贝尔分布—一年超大值法—最小二乘法求参）**　　　表 5-11

| TE \ t | 5 | 10 | 15 | 20 | 30 | 45 | 60 | 90 | 120 |
|---|---|---|---|---|---|---|---|---|---|
| 0.25 | 1.17 | 0.96 | 0.78 | 0.66 | 0.62 | 0.59 | 0.48 | 0.36 | 0.25 |
| 0.333 | 1.30 | 1.07 | 0.89 | 0.77 | 0.73 | 0.68 | 0.61 | 0.46 | 0.30 |
| 0.5 | 1.48 | 1.23 | 1.04 | 0.92 | 0.86 | 0.79 | 0.67 | 0.50 | 0.33 |
| 1 | 1.80 | 1.51 | 1.30 | 1.17 | 1.07 | 0.91 | 0.77 | 0.58 | 0.38 |
| 2 | 2.11 | 1.79 | 1.55 | 1.42 | 1.29 | 1.03 | 0.87 | 0.66 | 0.49 |
| 3 | 2.29 | 1.95 | 1.70 | 1.57 | 1.41 | 1.09 | 0.92 | 0.70 | 0.55 |
| 5 | 2.52 | 2.16 | 1.89 | 1.75 | 1.57 | 1.18 | 1.00 | 0.76 | 0.63 |
| 10 | 2.83 | 2.43 | 2.15 | 2.01 | 1.78 | 1.30 | 1.10 | 0.83 | 0.74 |
| 20 | 3.14 | 2.71 | 2.41 | 2.26 | 2.00 | 1.41 | 1.20 | 0.91 | 0.85 |
| 50 | 3.55 | 3.08 | 2.75 | 2.59 | 2.28 | 1.57 | 1.33 | 1.01 | 0.99 |
| 100 | 3.86 | 3.35 | 3.01 | 2.85 | 2.49 | 1.90 | 1.63 | 1.32 | 1.10 |

$i$-$t$-$T$ 数据表（负指数分布—年超大值法—矩法求参）　　　表 5-12

| $TE \setminus t$ | 5 | 10 | 15 | 20 | 30 | 45 | 60 | 90 | 120 |
|---|---|---|---|---|---|---|---|---|---|
| 0.25 | 0.81 | 0.66 | 0.50 | 0.44 | 0.40 | 0.38 | 0.33 | 0.27 | 0.24 |
| 0.333 | 0.96 | 0.80 | 0.68 | 0.55 | 0.53 | 0.40 | 0.40 | 0.30 | 0.31 |
| 0.5 | 1.17 | 0.98 | 0.80 | 0.72 | 0.67 | 0.65 | 0.57 | 0.43 | 0.36 |
| 1 | 1.54 | 1.30 | 1.09 | 0.96 | 0.91 | 0.82 | 0.69 | 0.52 | 0.44 |
| 2 | 1.90 | 1.61 | 1.39 | 1.26 | 1.15 | 0.95 | 0.80 | 0.61 | 0.52 |
| 3 | 2.12 | 1.80 | 1.56 | 1.43 | 1.29 | 1.03 | 0.87 | 0.66 | 0.57 |
| 5 | 2.39 | 2.03 | 1.78 | 1.65 | 1.47 | 1.13 | 0.95 | 0.72 | 0.62 |
| 10 | 2.75 | 2.34 | 2.07 | 1.94 | 1.71 | 1.26 | 1.07 | 0.81 | 0.70 |
| 20 | 3.12 | 2.66 | 2.37 | 2.23 | 1.95 | 1.39 | 1.18 | 0.90 | 0.78 |
| 50 | 3.60 | 3.08 | 2.76 | 2.62 | 2.27 | 1.57 | 1.33 | 1.01 | 0.89 |
| 100 | 3.96 | 3.39 | 3.05 | 2.91 | 2.51 | 1.70 | 1.45 | 1.10 | 0.97 |

$i$-$t$-$T$ 数据表（负指数分布—年超大值法—最小二乘法求参）　　　表 5-13

| $TE \setminus t$ | 5 | 10 | 15 | 20 | 30 | 45 | 60 | 90 | 120 |
|---|---|---|---|---|---|---|---|---|---|
| 0.25 | 0.604 | 0.461 | 0.380 | 0.310 | 0.279 | 0.260 | 0.230 | 0.210 | 0.180 |
| 0.333 | 0.780 | 0.616 | 0.500 | 0.440 | 0.390 | 0.360 | 0.350 | 0.300 | 0.250 |
| 0.5 | 1.030 | 0.837 | 0.700 | 0.600 | 0.564 | 0.520 | 0.480 | 0.395 | 0.324 |
| 1 | 1.455 | 1.213 | 1.018 | 0.892 | 0.849 | 0.785 | 0.657 | 0.498 | 0.418 |
| 2 | 1.881 | 1.590 | 1.368 | 1.238 | 1.134 | 0.942 | 0.794 | 0.600 | 0.513 |
| 3 | 2.130 | 1.810 | 1.573 | 1.440 | 1.301 | 1.034 | 0.873 | 0.660 | 0.568 |
| 5 | 2.444 | 2.087 | 1.831 | 1.695 | 1.511 | 1.150 | 0.974 | 0.736 | 0.638 |
| 10 | 2.870 | 2.464 | 2.182 | 2.041 | 1.796 | 1.307 | 1.110 | 0.839 | 0.733 |
| 20 | 3.295 | 2.840 | 2.532 | 2.386 | 2.081 | 1.464 | 1.246 | 0.941 | 0.827 |
| 50 | 3.858 | 3.337 | 2.995 | 2.843 | 2.458 | 1.672 | 1.426 | 1.077 | 0.953 |
| 100 | 4.284 | 3.714 | 3.346 | 3.189 | 2.744 | 1.830 | 1.562 | 1.180 | 1.047 |

$i$-$t$-$T$ 数据表（皮尔逊-Ⅲ型—年超大值法—最小二乘法求参）　　　表 5-14

| $TE \setminus t$ | 5 | 10 | 15 | 20 | 30 | 45 | 60 | 90 | 120 |
|---|---|---|---|---|---|---|---|---|---|
| 0.25 | 1.446 | 1.190 | 1.018 | 0.907 | 0.770 | 0.720 | 0.634 | 0.450 | 0.375 |
| 0.333 | 1.473 | 1.224 | 1.046 | 0.930 | 0.805 | 0.776 | 0.669 | 0.476 | 0.407 |
| 0.5 | 1.544 | 1.301 | 1.110 | 0.987 | 0.891 | 0.814 | 0.695 | 0.508 | 0.433 |
| 1 | 1.717 | 1.464 | 1.251 | 1.119 | 1.044 | 0.890 | 0.750 | 0.566 | 0.482 |
| 2 | 1.946 | 1.659 | 1.425 | 1.286 | 1.208 | 0.975 | 0.816 | 0.629 | 0.536 |
| 3 | 2.072 | 1.761 | 1.517 | 1.376 | 1.289 | 1.019 | 0.850 | 0.660 | 0.563 |
| 5 | 2.291 | 1.937 | 1.676 | 1.532 | 1.423 | 1.094 | 0.909 | 0.712 | 0.609 |
| 10 | 2.561 | 2.147 | 1.867 | 1.723 | 1.579 | 1.181 | 0.979 | 0.772 | 0.662 |
| 20 | 2.835 | 2.356 | 2.059 | 1.915 | 1.730 | 1.268 | 1.049 | 0.830 | 0.714 |
| 50 | 3.202 | 2.632 | 2.313 | 2.170 | 1.924 | 1.380 | 1.141 | 0.906 | 0.781 |
| 100 | 3.476 | 2.836 | 2.502 | 2.361 | 2.066 | 1.464 | 1.209 | 0.961 | 0.830 |

4) 重庆主城暴雨强度计算模式及其参数优化

城市暴雨强度计算模式的选择直接影响频率分布规律所确定的 $i$-$t$-$T$ 经验数据的规律性。我国排水工程设计手册中提到了三种形式：$i=A/(t+b)^n$，$i=A/t^n$，$i=A/(t+b)$。《室外排水设计规范》GB 50014（2016 年版）中给出了根据 $(i, t)$ 点在双对数坐标纸上的曲线形状来选择计算模式的三条准则：①形状为略向下弯的曲线采用模式 $i=A/(t+b)^n$；②形状为直线的，采用 $i=A/t^n$；③形状为略向上弯的曲线，采用 $i=A/(t+b)$。模式②当 $t=0$ 时，和模式①一致；模式②中的 $n=1$ 时，和模式③一致。因此，可认为模式②、③都是模式①的特殊形式。

将雨力公式 $A=A_1/(1+C \lg T)$ 代入模式①，从而得到各重现期统一的城市暴雨强度计算模式：$i=\dfrac{A_1/(1+C \lg T)}{(t+b)^n}$，式中：$t$ 为历时，$T$ 为重现期，$A_1$、$C$、$b$、$n$ 为模式参数。

如图 5-9 所示，$i$-$t$-$T$ 曲线符合模式 $i=A/(t+b)^n$。

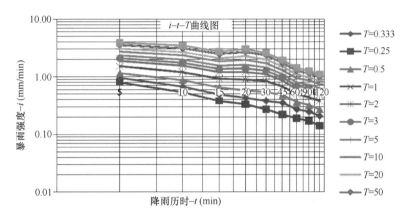

图 5-9　暴雨强度—降雨历时—重现期双对数曲线图（$i$-$t$-$T$）

选定暴雨强度公式的计算模式为 $i=A/(t+b)^n$，涉及 $A_1$、$C$、$b$、$n$ 四个相应的参数。求参方法分为传统的计算方法和优化算法。传统的计算方法包括图解法、最小二乘法或者二者结合起来。方法简单，但是计算繁琐，受人为因素影响大。优化方法是将非线性模型的参数求解问题转换为约束条件下的参数优化问题。优化方法一般有两种形式：一种是直接拟合法，如单纯形法；另一种是曲面最小二乘法，主要原理是寻求一最佳参数使各观测点与曲面的偏差平方和最小。如麦夸尔特法、带因子—迭代法以及黄金分割法。

**2. 重庆主城区降雨径流系数**

通过降雨—径流实验，分析降雨、产流规律，细化径流系数，得到管网设计汇流时间参数，对于重庆市城区雨水管道系统设计具有重要的指导意义。

沥青屋面、绿色屋面进行了自然降雨情况下降雨—径流实验各 5 次；各种坡度自然绿地、路面进行了模拟降雨情况下降雨—径流实验，前一章已作说明（图 5-10、图 5-11）。

实验背景：沥青屋面面积 280m²，长×宽＝40m×7m，屋顶平坦，雨水汇流长度最大为 40.6m。绿色屋面面积 7.4m²，形状不规则，屋顶平坦，雨水汇流长度最大为 3.7m。

图 5-10　沥青屋面采样点　　　　　　　图 5-11　绿色屋面采样点

**3. 泄洪排涝节点优化改造**

针对出现的泄洪排涝关键节点，根据关键节点一定范围内的用地属性（包括人工绿地、天然绿地、建筑用地、水域、裸地和道路等），选择适合该关键节点的一种或几种改造措施，然后对所有关键节点的改造措施进行组合，得出多种改造方案，再结合费用函数和效率分析，选择出最优的改造方案。

1）费用函数

泄洪排涝关键节点优化改造的费用由三部分构成，第一部分是管道自身费用和管道施工费用，即管道的价格，主要与管材和管径有关，管材一定时，主要与管径有关；第二部分是管道施工费用，包括土方工程、施工排水、钢筋混凝土基础、管道敷设等费用；第三部分是具体某种生态化改造措施的费用，主要包括土方工程、衬底、栽种植物的费用等。

费用函数的表达形式为

$$C = aD^\alpha H^\beta L + 34.6bI^{\frac{1}{2}}D^{\frac{8}{3}}T \tag{5-8}$$

式中　　$aD^\alpha H^\beta L$——第一、二部分费用，$34.6bI^{\frac{1}{2}}D^{\frac{8}{3}}T$ 为第三部分费用；

$\qquad\quad C$——泄洪排涝关键节点优化改造的造价（元）；

$\qquad a$、$\alpha$、$\beta$——常数；

$\qquad\quad D$——管径（m）；

$\qquad\quad b$——具体某种生态化改造的造价（元/m³）；

$\qquad\quad H$——管道埋深（m）；

$\qquad\quad L$——管长（m）；

$\qquad\quad I$——引流管道敷设的坡度；

$\qquad\quad T$——泄洪排涝关键节点雨水超载时间（s）。

由于不同埋设深度所采取的沟槽支撑形式和沟槽排水方式差别较大，因此，对于不同埋深分别采用简化形式：

$$C = (k_1 + k_2H + k_3H^2 + k_4DH + k_5D + k_6D^2 + k_7D^3)L + 34.6bI^{\frac{1}{2}}D^{\frac{8}{3}}T \tag{5-9}$$

式中　　$k_1$、$k_2$、$k_3$、$k_4$、$k_5$、$k_6$、$k_7$——参数；

$\qquad\quad D$——管径（m）；

$L$——管长（m）；

$b$——具体某种生态化改造的造价（元/m³）；

$H$——管道埋深（m）；

$I$——引流管道敷设坡度；

$T$——泄洪排涝关键节点雨水超载时间（s）。

2）效率分析

泄洪排涝关键节点改造的效率分析采用得分制，得分越高，表明效率越高，得分的环节主要从以下几个方面考虑：

第一是该种改造方式是否能够有效地解决关键节点溢流问题，能够有效解决的，得1分，不能有效解决的，得0分。

第二是该种改造方法对雨水水质的处理效果，由于盘溪河流域大部分管网都是合流制，所以关键节点溢流的水是雨污合流水，采取不同的改造措施，对溢流水的处理效果是不一样的。溢流水与初期径流雨水的水质比较相近，故可以把溢流水当做初期径流雨水来处理。以下列举了一些生态化改造措施对初期雨水的处理情况。

下凹式绿地处理初期雨水径流，对 COD、$NH_4^+$-N 和 TP 的平均削减率分别为 52.21%、49.98%、47.35%。

雨水调蓄池处理初期雨水径流，COD、SS、$NO_3$-N 的平均削减率分别为 77%、83%、32%。

浅草沟系统处理初期雨水径流，浊度去除率为 73%～96%，COD 去除率为 88%，TP 去除率为 47%～82%；氨氮去除效果并不理想，在 25%～74% 之间波动。

在人工湿地系统中，湿地植物在人工湿地中发挥着重要作用，具有一定的去除氮、磷的能力。对栽种芦苇、香蒲和菖蒲的三种植物的潜流人工湿地进行试验研究，对雨水的初期径流中的污染物 COD、$NH_4^+$-N、TN、TP 的去除率分别在 54.9%、75.4%、77.9% 和 67.2% 以上。

通过对雨水花园/渗井系统的除污效果进行分析发现，雨水花园对 TSS、色度和浊度的去除率较高（>90%）；对 COD 的去除效果也较为明显，去除率为 96.2%；对 TN 也有一定的去除效果，去除率为 22%～45.4%；但对 $NO_3$-N 的去除率较低且不稳定；对 TP 的去除率为 76.0%～86.3%；对 Pb、Zn、Cu 等重金属的去除率较高（>80%）。

由于 COD 与 SS、TP、TN、$NH_4^+$-N 等污染指标具有高度的相关性，所以选用 COD 去除率的高低作为某种生态化改造措施净化雨水的效果。COD 的去除率越高，得分越高，详见表 5-15。

生态化改造措施分值体系（基于 COD 去除率）　　　　表 5-15

| COD 去除率 $R$ | 得分 | COD 去除率 $R$ | 得分 |
|---|---|---|---|
| $R \geqslant 90$ | 5 | $70 \leqslant R < 80$ | 2 |
| $85 \leqslant R < 90$ | 4 | $50 \leqslant R < 70$ | 1 |
| $80 \leqslant R < 85$ | 3 | $R < 50$ | 0 |

第三是该种改造措施对周围环境的影响，如果能美化环境，得 1 分，不能美化环境的，得 0 分。

表 5-16 所示是各种改造措施的综合效率分析。

改造措施的综合效率分值　　　　　　　　　　　　　表 5-16

| 改造措施 | 解决溢流问题 | COD 的去除率 | 美化环境 | 综合得分 |
|---|---|---|---|---|
| 下凹式绿地 | 1 | 1 | 1 | 3 |
| 雨水调蓄池 | 1 | 2 | 1 | 4 |
| 浅草沟 | 1 | 3 | 1 | 5 |
| 人工湿地 | 1 | 1 | 1 | 3 |
| 雨水花园/渗井 | 1 | 5 | 1 | 7 |
| 加大管径 | 1 | 0 | 0 | 1 |

从表 5-16 可以看出，这六种改造措施效率分析综合得分由高到底是：雨水花园/渗井＞浅草沟＞雨水调蓄池＞下凹式绿地/人工湿地＞加大管径。

3）优化决策模型

按改造费用最小这一原则确定改造方案，目标函数是：

$$C = C_1 + C_2 + C_3 + \cdots + C_i \tag{5-10}$$

式中　$C_i$——一个关键节点的改造费用；

　　　$i$——关键节点的个数。

约束条件是 $C$ 达到最小的同时综合效率最大。

最优决策其实是优化决策模型的求解问题，最优决策是指使费用函数最低并且效率最高的决策，在模型求解之前，需要先确定费用函数的系数。

## 5.3.2　结果与分析

### 1. 重庆主城暴雨强度公式修正

本研究参数求解方法采用的是优化算法——黄金分割法，采用 C 语言编程计算。计算结果见表 5-17。

总公式参数计算表　　　　　　　　　　　　　表 5-17

| 选样方法 | 分布曲线 | 分布模型参数求解方法 | 总公式参数 | | | | $\sigma_\text{总}$ |
|---|---|---|---|---|---|---|---|
| | | | $A_1$ | $C$ | $b$ | $n$ | |
| 年多个样法 | 皮尔逊-Ⅲ型分布 | 最小二乘法 | 10.746 | 8.600 | 15.795 | 0.727 | 0.116 |
| | 负指数分布 | 矩法 | 20.756 | 16.072 | 23.076 | 0.789 | 0.048 |
| | | 最小二乘法 | 26.299 | 21.379 | 26.544 | 0.832 | 0.050 |
| 最大值法 | 耿贝尔分布 | 最小二乘法 | 14.430 | 13.506 | 18.395 | 0.745 | 0.087 |
| 年超大值法 | 负指数分布 | 最小二乘法 | 49.429 | 50.389 | 31.070 | 0.992 | 0.055 |
| | | 矩法 | 34.558 | 28.137 | 26.644 | 0.908 | 0.049 |
| | 耿贝尔分布 | 最小二乘法 | 35.175 | 21.696 | 26.289 | 0.874 | 0.046 |
| | 皮尔逊-Ⅲ型分布 | 最小二乘法 | 15.850 | 6.881 | 16.017 | 0.718 | 0.057 |

从表 5-17 可以看出，采用年超大值法选样，设计暴雨采用耿贝尔分布曲线模型，运用黄金分割法求参，得出的暴雨强度公式 $i = \dfrac{35.175(1 + 21.696\lg T)}{(t + 26.289)^{0.874}}$ 的绝对均方差 $\sigma_{总绝}$ 最小，为 0.046，满足规范要求，且其精度最高。总体上来看，利用年超大值法选样得到的暴雨强度公式的精度相对较高，年多个样法和年最大值法选样得到的精度次之。现有《室外排水设计规范》GB 50014（2016 年版）给出的重庆市暴雨强度公式、以及 1999 年邱兆富等人推导的暴雨强度公式计算出来的 $\sigma_{总绝}$ 分别为 0.086 和 0.106。因此，该公式的精度明显优于前两者。

综上所述，重庆主城区暴雨强度公式宜采用 $i = \dfrac{35.175(1 + 21.696\lg T)}{(t + 26.289)^{0.874}}$。

**2. 重庆主城不同下垫面径流系数**

沥青屋面、绿色屋面降雨—径流实验结果如图 5-12 所示。

通过降雨—径流实验结果分析得出以下结论：沥青屋面径流系数平均值为 0.9032，绿色屋面平均值为 0.5591，与以往经验径流系数值近似；通过降雨—径流实验，获得了降雨—产流时间滞后关系。沥青屋面面积 2280m²，降雨 4～10min 后开始收集到径流，绿色屋面面积 7.4m²，降雨 15～30min 后开始收集到产流。通过降雨—径流实验，得到优化后的雨水系统设计各参数结果，如表 5-18 所示。

**山地城市不同下垫面的径流系数实验结果** 表 5-18

| | | 0°～5° | 5°～10° | 10°～15° | 规范规定值 |
|---|---|---|---|---|---|
| 道路 | 坡度 | 0°～5° | 5°～10° | 10°～15° | 规范规定值 |
| | 产流时间(min) | 0.5～2.0 | 0.7～1.5 | 0.8～1.2 | 5～15 |
| | 径流系数 | 0.831 | 0.9199 | 0.9476 | 0.85～0.95 |
| 绿地 | 坡度 | 0°～5° | 5°～20° | 20°～45° | — |
| | 产流时间(min) | 8～20 | 7～18 | 5～15 | 5～15 |
| | 径流系数 | 0.137～0.230 | 0.173～0.268 | 0.209～0.342 | 0.1～0.2 |
| 沥青路面 | 坡度 | 0°～5° | | | |
| | 产流时间(min) | 2～5 | | | 5～15 |
| | 径流系数 | 0.89～0.92 | | | 0.85～0.95 |
| 绿色屋面 | 坡度 | 0°～5° | | | — |
| | 产流时间(min) | 10～30 | | | 5～15 |
| | 径流系数 | 0.54～0.59 | | | — |

**3. 基于泄洪排涝安全的山地城市用地布局模式**

1）关键设计参数选择

（1）暴雨重现期的影响

暴雨重现期决定着雨量的多少。为了更好地讨论暴雨重现期与下凹式绿地外排水率的相互关系，以重庆主城地区为例进行计算。假定：$A = 7 \times 10^4 \text{m}^2$，$C_n = 0.75$，$H = 100\text{mm}$，$T = 120\text{min}$。当 $K = 1 \times 10^{-5} \text{m/s}$，$M$ 为 10.0、5.0、3.33、2.5、2.0 时 $C$-$P$ 关系曲线如图 5-13（a）所示；当 $M = 2$，$K$ 为 $1 \times 10^{-4} \text{m/s}$、$1 \times 10^{-5} \text{m/s}$、$1 \times 10^{-6} \text{m/s}$ 时

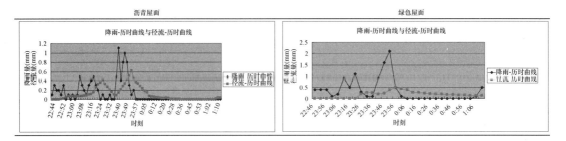

注：降雨编号：20100505，历时：73min，强度：0.1320mm/min，沥青屋面径流系数：0.9009， 绿色屋面径流系数：0.5506

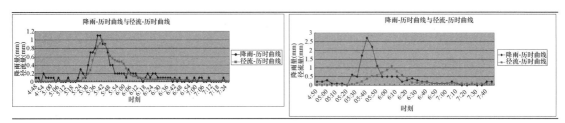

注：降雨编号：20100623，历时：182min，强度：0.0176mm/min，沥青屋面径流系数：0.8886， 绿色屋面径流系数：0.5855

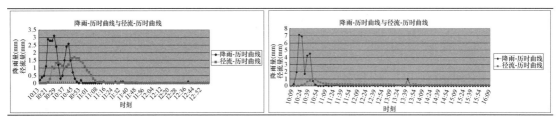

注：降雨编号：20100709，历时：105min，强度：0.2667mm/min，沥青屋面径流系数：0.9233，绿色屋面径流系数：0.5461

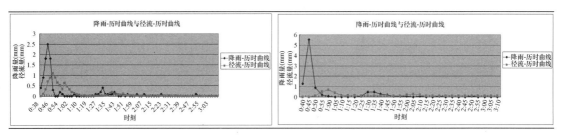

注：降雨编号：20100718，历时：150min，强度：0.0670mm/min，沥青屋面径流系数：0.8911，绿色屋面径流系数：0.5366

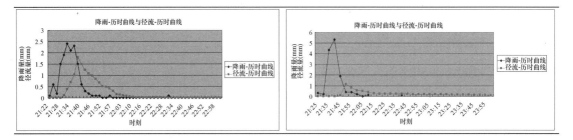

注：降雨编号：20100727，历时：98min，强度：0.1449mm/min，沥青屋面径流系数：0.9080，绿色屋面径流系数：0.5785

图 5-12　沥青屋面、绿色屋面降雨—径流实验曲线

*C-P* 关系曲线如图 5-13（*b*）所示。

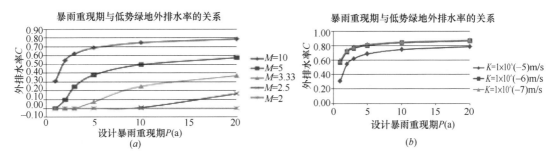

图 5-13　暴雨重现期与下凹式绿地外排水率的关系

（*a*）$K=1×10^{-5}$m/s，$H=100$mm，$T=120$min；（*b*）$M=2$，$H=100$mm，$T=120$min

可以看出，暴雨重现期对径流系数影响显著，随着暴雨重现期的加大，进入下凹式绿地的径流量加大，外排水率变大。设计时应根据《室外排水设计规范》GB 50014（2016年版）和当地以及住区的要求等条件确定。选用重现期越大，所需下凹式绿地的下凹深度和面积越大，外排水量也越多，土方量和工程费用加大。

（2）渗透系数的影响

土壤的渗透系数决定绿地的渗透能力，它取决于土质、孔隙度、植被等因素。以重庆市为例进行计算。假定：$A=7×10^4$m$^2$，$C_n=0.75$，$H=100$mm，$T=120$min。当 $P=20$a，$M$ 为 10.0、5.0、3.33 时 *C-K* 关系曲线如图 5-14（*a*）所示；当 $M=2.0$，$P$ 为 0.5、1.0、2.0、5.0、10.0 时 *C-K* 关系曲线如图 5-14（*b*）所示。可见渗透系数对下凹式绿地外排水率影响极大。土壤渗透系数越低，渗透能力越差。绿地的渗透能力最好能现场实测，计算时采用达到稳渗后的渗透系数，且应留有一定的余地，防止发生堵塞。

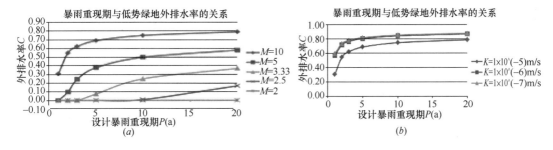

图 5-14　下凹式绿地渗透系数与外排水率的关系

（*a*）$P=20$a，$H=100$mm，$T=120$min；（*b*）$P=20$a，$M=2$，$T=120$min

2）用地竖向及布局参数选择

（1）下凹深度确定

下凹式绿地实质也是一种渗透贮存设施。下凹式绿地与溢流口或路面之间的高差称为下凹式绿地的下凹深度。绿地下凹深度愈大，贮水效果愈明显，在一定程度上弥补降水和渗透的不均衡，以减缓径流洪峰，起到调蓄作用。仍以重庆市为例，设 $A=7×10^4$m$^2$，$C_n=0.75$，$M=5.0$，$K=1×10^{-5}$ m/s，$T=120$min，当 $P$ 为 1.0、2.0、3.0、5.0、

10.0、20.0 时 $C$-$H$ 关系曲线如图 5-15 所示。

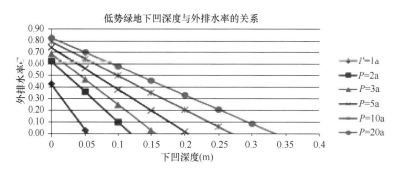

图 5-15　下凹式绿地下凹深度与外排水率的关系

在一定重现期下雨水径流系数为零时所对应的绿地下凹深度即为下凹式绿地在此条件下的临界下凹深度。它表明当绿地下凹深度大于该数值时可以实现雨水零排放；反之，雨水有外排。表 5-19 给出了 $P$＝1a 时部分 $K$ 值和 $M$ 值对应的临界下凹深度。

重现期 P＝1a 时的临界下凹深度（m）　　　　　　　　　表 5-19

| $K$ ＼ $M$ | 10 | 5 | 3.33 | 2.5 | 2 |
|---|---|---|---|---|---|
| $1\times10^{-4}$ m/s | — | — | — | — | — |
| $5\times10^{-5}$ m/s | — | — | — | — | — |
| $1\times10^{-5}$ m/s | 0.18 | 0.05 | 0.01 | — | — |
| $5\times10^{-6}$ m/s | 0.21 | 0.09 | 0.05 | 0.03 | 0.02 |
| $1\times10^{-6}$ m/s | 0.24 | 0.12 | 0.08 | 0.06 | 0.04 |

（2）下凹式绿地面积比例

计算区域内下凹式绿地面积占全部面积的百分数对外排水率的影响明显。随着下凹式绿地占地面积比例的增长，土壤的渗透量增大，径流量逐渐减小，所以下凹式绿地面积比例的增加对实现住区雨水零排放、改善生态环境等有着重要的作用。表 5-20 给出了重现期为 1a 时，部分渗透系数和绿地下凹深度对应的临界绿地面积比例。

重现期 P＝1a 时的临界绿地面积比例（%）　　　　　　　　表 5-20

| $K$ ＼ $H$(mm) | 50 | 100 | 150 | 200 | 250 |
|---|---|---|---|---|---|
| $1\times10^{-4}$ m/s | 3.2 | 3.0 | 2.8 | 2.7 | 2.5 |
| $5\times10^{-5}$ m/s | 6.0 | 5.4 | 4.8 | 4.4 | 4.1 |
| $1\times10^{-5}$ m/s | 20.5 | 14.5 | 11.2 | 9.1 | 7.7 |
| $5\times10^{-6}$ m/s | 29.4 | 18.4 | 13.4 | 10.5 | 8.7 |
| $1\times10^{-6}$ m/s | 44.7 | 23.4 | 15.9 | 12.0 | 9.7 |

下凹式绿地为一种投资省、效果明显的蓄渗设施，可以在城市住区中加以采用。下凹式绿地的下凹深度、面积比例（或面积负荷率）是其关键参数。下凹式绿地设计应考虑土质渗透系数、当地降雨特点如暴雨重现期等以及地下水和地基与基础的制约等。

3）研究区域用地布局模式

用地布局模式 1：研究区选在重庆市江北区盘溪河流域，子流域面积约 7hm²，现状已经建设开发，主要用地类型为住宅、公建、道路、广场、绿地，开发后（现状）用地类型不透水面积率为52%，透水面积率为48%（图5-16）。在出水口安装在线流量计检测降雨径流数据，模型降雨时序数据来源于安装在流域内的雨量计实测值。在现状透水面积率48%基础上，再增加透水面积率21%时（增加绿地或改造道路透水性等），子流域的出口流量对比见图5-17，在不同的降雨强度下能实现年均雨水径流总量削减50%~65%的目标，峰值削减达到40%左右。

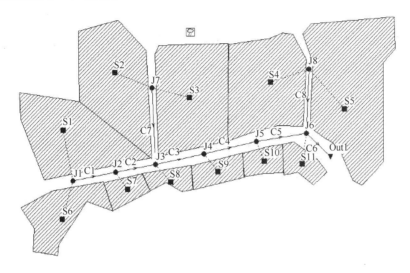

图5-16 示范区排水系统图

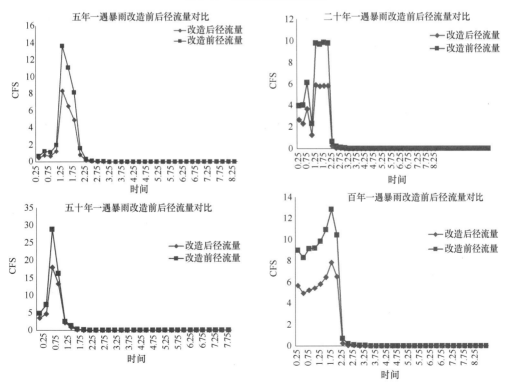

图5-17 改造前后的径流量对比（模式1）

用地布局模式 2：研究区选在石小路立交，在不改变现状用地类型的前提下，在原来的透水区域（绿地区域）分散设置 3.1hm² 绿地即可实现年均雨水径流总量削减 11.3％～12.4％，且削减径流峰值 8.2％～11.8％以上（图 5-18）。

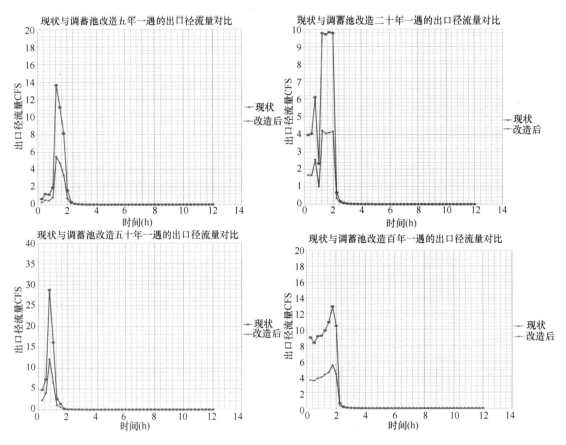

图 5-18 改造前后的径流量对比（模式 2）

# 第 6 章　城市排水管道系统安全预警 GIS 系统开发及应用

随着我国经济的发展，城市容量的不断扩大，城市地下管网、下水道、化粪池、沼气池、垃圾填埋场、污水处理厂等产生的毒害、可燃、易爆气体如隐形定时炸弹随时威胁民众的生命、财产安全，存在着严重的安全隐患。城市地下管网、下水道、化粪池、沼气池、污水处理厂等，由于生活垃圾、淤泥、工业废料等的淤积极易产生毒害可燃易爆气体，其中最严重的是 $CH_4$ 气体，当其浓度达到 5.5% 左右范围时，如遇火源、高温等外部因素便可能发生猛烈爆炸。加之，地理条件局限和地下管网布局不合理，许多城市下水道、化粪池已成为市民身边的"隐形炸弹"。

目前，国内在污水管道有害性气体安全预警指标及风险评估模型研究层面，有针对性的、系统的理论研究尚未展开。国内多个城市已开展污水管道有毒有害气体在线监测系统的试点，如广州、北京、上海。整个系统能检测出井内有毒有害气体的浓度，并将数据自动传输到计算机监测中心甚至手机上，从而对可能发生爆炸的场所采取及时的防范措施。就重庆市而言，目前已在南岸区等部分地区开始试点，即采用化粪池及污水管道气体安全监控预警系统进行有害气体的监测，通过气体检测、网络系统和中央控制系统，实现有害气体浓度超限报警。但是，在试点过程中也反映不少仍需解决的问题，如防水浸性不强，难以在保证气体监测的同时，保证其水密性，同时多种气体并存，如传统的催化式甲烷传感器就有可能发生"中毒"甚至爆炸等现象。在有害性气体检测与预警系统设备方面的研究，目前国外主要针对井下作业环境监测，其硬件设备则多以便携式设备或移动式设备为主，监测系统也主要针对煤矿、化工厂等环境开发，多为集成处理器＋多个采集终端方式，而且尚没有针对性软件系统。虽然有多系列、多种类传感器装置，但针对使用环境均为煤矿、化工厂等，因而多应用于干燥环境，防尘性能佳，不防水。

重庆主城排水管道系统安全预警信息系统主要以"3S"技术为支撑，充分考虑数据的局部共享性，建立基础空间数据库、管道专题空间数据库、属性数据库、专家知识库等空间和属性数据库，基于 ArcGIS Engine 以及 ArcGIS Server、Skyline 进行二次开发。根据重庆主城排水系统安全研究与综合示范的需求建立重庆管道日常管理及应急子系统、重庆管道泄洪排涝关键节点空间识别子系统、重庆主城排水管网结构性安全运行监控与管理子系统、重庆市有毒气体监测子系统。所有子系统都是基于 ArcGIS Engine 构建 C/S 结构的分析系统，基于 ArcGIS Server 和 Skyline 建立 B/S 结构的查询分析显示系统。

## 6.1　系　统　概　述

系统针对重庆主城山地城市立地条件差，"暴雨淹城"、排水管道易发生断裂、爆炸、堵塞、渗漏事故等突出问题，选择代表性的江北区，以城市雨污水管道建设与改造工程、排水管道安全监控系统建设、环境保护模范区建设工作为依托，以城市排水系统安全为核心，集成污水管道安全运行、雨水管道泄洪排涝、排水管道系统动态监测与安全预警等技术，形成城市排水管道系统安全预警综合技术体系。

## 6.2　系　统　建　设　内　容

系统基于各种地理环境以及管线基础数据，紧密结合给水排水、滑坡动态监测等业务，结合 GIS 技术分析、挖掘数据间隐含的空间、时间、时空变化规律，为给水排水管理决策服务。建设内容见图 6-1。

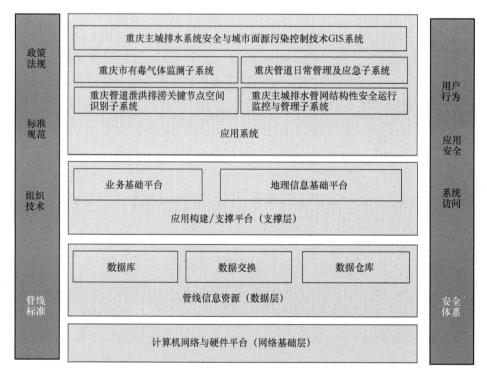

图 6-1　系统建设内容

具体包括：

（1）建立给水排水的管道管理的计算机网络与硬件平台，为系统服务。

（2）对多源异构管线及相关地理数据进行整合，建立管线地理信息中心数据库：依托数据、应用，以及网络通信技术，为管线管理部门内部、其他政府部门、公众提供统一的管线资源服务平台,通过元数据技术以及接口技术,实现给水排水业务,达到服务中心多层次内外信息共享。

(3)在数据层以及应用构建层的基础开发应用系统,主要包括如下四大子系统:

① 重庆市有毒气体监测子系统;

② 重庆管道日常管理及应急子系统;

③ 重庆管道泄洪排涝关键节点空间识别子系统;

④ 重庆主城排水管网结构性安全运行监控与管理了系统。

(4)管道管理标准建设:

管道信息标准化建设对于数据共享、系统维护具有重要意义,系统建设在一致的标准体系下进行。管道信息标准建设的内容包括:基础性标准和总体技术框架;网络基础设施标准,包括基础通信平台工程建设标准、网络互联互通和安全保密等标准;应用支撑标准,包括信息交换平台、日志管理和数据库管理等标准;应用标准,包括基础信息、元数据标准、电子公文格式和流程控制等标准,基本形成系统化的管网信息标准体系。

(5)信息安全体系建设:

建立信息访问认证机制,建立统一身份验证机制保证网络环境下用户身份的真实可靠性。利用目录管理等技术,集中管理用户权限分配,实现环境信息访问的规范化管理,保证系统安全。

## 6.3 系 统 总 体 设 计

### 6.3.1 系统设计原则

在重庆主城排水系统安全管理业务需要的基础上,充分利用现代通信、计算机网络技术、地理信息和在线监测等技术,建设以基础地理信息数据、各类滑坡监测专题数据和办公数据为基础的重庆主城排水系统安全资源数据库,构建一个松散耦合、可扩展的服务管理框架平台,通过对现有系统和数据的整合,实现重庆滑坡监测综合管理、管道泄洪排涝关键节点空间识别、山地城市排水管道结构性安全监控、管道应急技术为一体的重庆主城排水管道系统安全预警 GIS 系统。

为保障该系统建设的顺利进行和完成,系统设计主要遵循以下基本原则。

**1. 实用性和可行性原则**

实用性是衡量软件质量体系中最重要的指标,是否与业务结合得紧密,是否具有严格的业务针对性,是系统成败的关键因素,因此,每一个提交给用户手上的系统都应该是实用的,能够解决问题。

在系统平台的建设中,充分利用成熟的技术、平台和工具,避免盲目追求新技术,同时要充分考虑应用系统对处理能力的需求,防止发生性能瓶颈。

实用性与可行性的思想贯穿了整个系统的设计过程,符合给水排水资源管理各种业务要求、操作简单、易于使用、提高效能是系统建设的根本目标，也是系统设计的基本出发点。

在保证系统实用性的前提下，适当采用先进成熟的主流技术（如业务建模技术、GIS 应用平台技术等），以适应当前和未来的发展趋势，延长系统的生命周期。

**2. 安全性和稳定性原则**

应用系统必须具有高可靠性，对使用信息进行严格的权限管理。在技术上，采用严格的安全与保密措施，确保系统的可靠性、保密性和数据的一致性；系统安全性包括数据安全、网络安全和软、硬件的安全。

在保证系统用户权限合法性的同时，保证数据的准确、不易被破坏和泄密，以确保主城排水系统安全，资源运行数据和系统的安全性。

系统必须有足够的健壮性。在发生意外的软硬件故障、操作错误等情况下，一方面能保证回退恢复，减少不必要的损失；另一方面能够很好地处理并给出错误日志。

**3. 标准化和规范化原则**

给水排水数据和系统设计必须遵照国家规范标准和有关行业规范标准，设计标准信息分类编码体系，规范系统数据库及元数据，建立开放式、标准化数据输入、输出格式。

选择符合工业标准的软、硬件平台，采用组件式、模块化的设计思想和开发方法，对现有各种异构数据源进行适当的容错处理，与当前业务人员使用的 Microsoft Office、Adobe PDF 等通用软件兼容，实现数据交互。

**4. 网络性原则**

本系统从硬件、软件、数据库，到应用模块的开发均要求实现网络化，所实现的系统必须能够在多用户、并发操作的网络环境下运行，并符合图文处理一体化、业务数据管理一体化、用户界面操作一体化等要求。

IT 技术的发展给广大用户提供了巨大的活动空间，也节约了大量的时间，所以本系统的建设要符合 IT 技术的发展趋势，整体应基于网络 GIS 来开发，通过网络来传递信息和进行业务处理。

**5. 可扩展性原则**

系统、数据和硬件必须具有较强的可扩展性和对需求变化的自适应能力，以适应业务管理内容变化造成的系统需求的变化，最大程度地满足将来业务的需要和政府信息化建设的需要。系统设计采用面向服务的体系结构（Service-Oriented Architecture，SOA）的思想，提供应用开发框架，使用户可以按照一定的规范采用任何一种开发语言来实现服务组件，通过框架提供的流程协作机制来组装新的合成应用与业务流程，确保共享数据和流程能够准确反映业务的运营和战略需求。最终实现技术问题与业务问题的明确分离，为系统提供灵活标准化的扩展机制。

**6. 经济性原则**

系统建设要求在实用的基础上做到最经济，以较小的投入获得最大的效益。在硬件和软件配置、系统开发和数据库建立上都要充分考虑投入成本和经济效益。在系统整体设计上强调现有数据和系统的继承性，通过对现有数据和系统的分析，采用最新的应用整合技术实现主城排水系统安全，数据和业务系统与新建系统的有机整合，最大限度地保护用户投资。

**7. 先进性与前瞻性原则**

在系统建设过程中采用当代先进技术，选用先进设备，建立一种新概念、全开放的现代管理和办公环境，并以组件式的信息技术为依托建立完善架构体系。系统要做到基于组件技术的多层应用体系基础上的平台化，抽象出管线管理空间信息需求的共性和特性，提供给用户的不仅仅是一个软件系统，更是一个开发平台。这个平台上，客户同样可以开发出适合自己业务需求的软件服务部件，并通过平台部署和运行业务组件。以"通用平台＋专用部件＋参数化配置"的方式，快速、经济、有效地满足环境管理的需求，在保证系统通用性的同时，功能更灵活，操作更便捷，数据更安全，计算更快速。

信息技术发展非常快，硬件更新换代迅速，性能价格比不断跃升，系统软件版本升级也非常快，平均一年时间就有新的版本推出。因此，系统的建立还必须充分考虑技术的发展趋势，如采用关系数据库管理空间数据、Web GIS 应用、空间数据互操作等。同时，在硬件配置和系统设计中还充分考虑系统的发展和升级，使系统具有较强的前沿探查力，时时处于应用系统技术领先地位。

**8. 系统性与易用性原则**

排水系统安全业务的数据要素之间关系错综复杂，综合分析业务内涵和数据要素之间的相关性和互构性，按照排水系统安全管理的要素科学划分原子单元，保证排水系统安全。系统在对象级别上具有较好的关联性、整体性和一致性。在满足系统数据和功能复杂性的基本要求的同时，充分考虑用户的使用与操作习惯，做到功能虽强大、操作却简单。

**9. 完整性原则**

在排水系统安全管理的级别上来抽象和设计排水系统安全管理对象，数据中心的数据结构相对隐藏，服务框架在数据引擎的基础上按照面向对象的方式来操作和管理环境数据，对象数据和功能体系充分体现管线管理的业务需求，并符合现行的工作流程，保证系统各功能的完整。

**10. 开放性和升级性原则**

采用开放式的体系结构，以保证系统的高度可移植性，使系统易与第三方轻松集成。同时，为满足未来空间信息服务需求的变化，空间信息服务系统的建设是一个长期的过程，系统的建设也将分期进行，每一阶段的建设实现有限目标，使系统具备开放的体系结构和良好的扩展能力，各阶段的建设能够前后关联，有效衔接，避免系统建设过程中出现大的结构变动甚至重建，以保护前期投入。系统的建设还要顾及管理部门职能的转变，便于进行二次开发，添加需要的功能，考虑软硬件发展的情况，便于系统升级，使系统随时保持最新、高效的工作状态。

## 6.3.2　系统设计思想

系统的设计、开发和实施各环节严格按照制定的标准和规范执行，为保证信息系统工作过程的规范化和信息系统数据的标准化，在系统设计中遵循以下设计思想：

（1）以搭建排水系统安全服务平台框架为重点，各个应用系统逐步实施。按照总体规划、分步实施、讲究实效的总原则，将项目分解成若干子系统，并将系统建设划分为若干阶段，制定各个阶段系统的建设目标和建设时间。采用并行开发实施方法，将相对独立的各个子系统的功能并行开发、实施，保证项目进度。

（2）整个系统的建设严格按工程化方法来进行组织和管理，从系统需求调查、系统设计、软件开发、系统总调、人员培训到系统试运行，严格遵守国家及地方的有关法律法规，做到系统结构合理、功能完善；做到充分利用成熟的先进技术、操作简单、使用方便；并为系统的后续发展留有充分的接口，以便在结构和功能上进行扩充。

（3）按系统的任务、需求、功能和主要技术指标，对系统进行总体规划和科学的个性化设计。根据国内外软硬件发展状况和成熟技术，对现有市场软件产品情况进行调查，选择满足系统要求、性能价格比最优的系统硬件产品。

（4）在数据库系统的建立过程中，严格制定数据源标准和数据采集的工作流程与技术规范，以保证良好的数据来源和数据质量，在建库时，严格按照信息分类代码和标准，建立数据库，保证数据库标准化和规范化。

### 6.3.3　系统总体框架

重庆主城城市排水管道系统安全预警地理信息系统最重要的内涵是运用信息及网络技术打破主城排水系统安全业务部门界限，建构一个一体化信息共享服务平台，方便排水管理各个部门、上下级之间与社会公众进行相互沟通，从不同的渠道获取给水排水管道及水质的各方面信息，将各类给水排水信息在不同层次整合发掘潜在的环境规律，并能够相互提供信息交换和服务，促进管网管理科学化。

在重庆主城排水系统安全地理信息系统建设过程中，数据中心是系统建设的基础，排水系统安全信息资源服务平台是系统建设的重点。数据中心将各类排水系统安全的数据整合在一起，并和基础空间数据、专题空间数据和业务基础数据一起形成重庆主城排水系统安全数据资源库，它是数据存放的中心，是信息共享和信息交换的场所，也是系统最基础的设施建设；重庆主城排水系统安全信息资源服务平台以管线数据中心为基础，将系统最基础的功能封装成组件，并根据系统需求封装成不同的服务组件，以标准接口方式提供服务，并以面向服务的架构和 Web Service 技术按照一定的流程组装成不同的应用，最大限度地提供高层次的软件复用、信息资源和系统整合和共享，为各个应用子系统提供基础的软件架构平台。

通过对排水系统安全信息服务业务模型的总体分析，充分考虑系统的分布式和安全性的特点，设计基于 .NET 技术构建 Web Service 的重庆主城排水系统安全技术地理信息系统的总体框架，如图 6-2 所示。

从图中可以清晰看到，排水系统安全地理信息系统分四个逻辑层次、一个业务职能划分层和一个用户类型划分层：

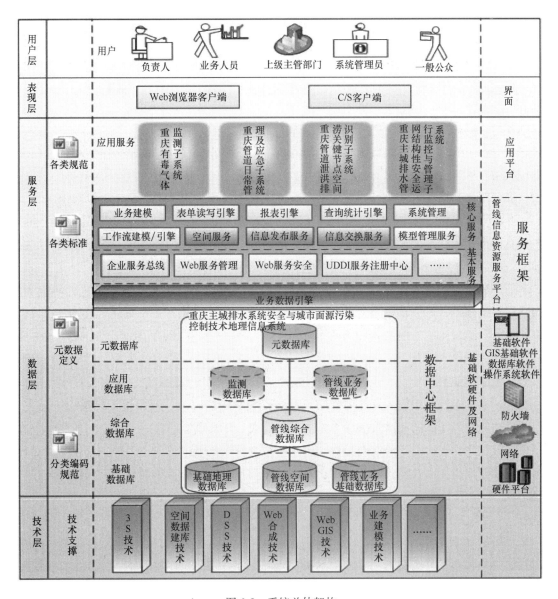

图 6-2　系统总体架构

（1）技术支撑层；

（2）数据层；

（3）服务层；

（4）表示层；

（5）用户类型层。

其中：

技术支撑层：是系统需要采用的基础和核心的关键技术，如 3S 技术、空间数据建库技术、DSS 技术、WEB 合成技术、Web GIS 技术、业务建模技术、Web Service 技术等，它们一同构成了系统的技术支撑。

数据层：根据排水系统安全业务的特点，将排水系统安全管理的数据分为四种不同的类型：一是基础数据，包括基础空间数据、基础专题空间数据和基础业务数据；二是应用数据，包括各类监测数据和业务数据；三是对应用数据、监测数据和业务数据的综合分析、抽取和挖掘等形成的综合数据、统计数据、对外的发布数据、共享数据和各类交换数据等；四是元数据，是上述三类数据的描述数据、对象关系的映射数据、业务逻辑管理创建的系统数据等。

数据中心接收来自不同数据服务功能的请求，并将它们按统一的逻辑结构和数据模型进行重构，重组后向应用组件发布各类元数据、空间/非空间数据，以响应对数据的请求。

服务层：根据项目的建设要求划分为基础平台和应用平台，它们是系统赖以构建和运行的基础支撑平台。在 SOA 思想的统一服务框架下，按照标准统一的接口，抽象、封装各个具体组件，将细粒度的功能组装成粗粒度的服务，将离散的功能需求，封装成功能构件和业务逻辑组件。

通过抽象、封装各种数据操作、管理功能，即将细粒度的功能组装成粗粒度的服务，通过标准的接口，可以将用户发出的服务请求与数据进行关联，实现与平台无关的空间数据编辑、图形打印等 GIS 应用以及发布应用，切实响应系统发出的应用服务和发布服务请求。

各种应用通过统一身份认证以及侦听服务，接收用户服务的请求。服务层处理并重新将这些请求发送到应用服务器，应用服务器接收特定应用请求，调用相关处理功能模块，根据模块的处理功能需要向数据中心发送数据请求。而数据中心接收来自不同数据服务器的数据，并将它们按统一的逻辑结构和数据模型进行结构重组传回应用服务器。应用服务器接收从数据交换中心发回的数据并将它们定位到相应的功能模块进行处理，再将处理结果传回 Web 服务器，Web 服务器接受处理结果，并将最终结果传回客户端的 Web 浏览器。

空间信息服务按功能群组分为应用服务和发布服务两部分。空间信息应用服务通过调用 GIS 平台提供或开发的服务引擎，提供图形编辑、绘图等复杂应用；空间信息发布服务以相应基础平台的图形发布软件为基础进行扩展，实现图形浏览、查询等服务。

为实现各类地理信息数据的互操作（即平台无关性），提高应用系统灵活构建和扩展，通过空间信息服务调用转换器实现标准服务到特定 GIS 平台服务的调用接口。

表示层：是服务层与客户交流的接口，为用户提供服务信息，允许用户对系统进行个性化定制。建立在服务层之上，提供统一的用户认证接口，将功能进行映射与组装，提供用户与其身份匹配的可定制的操作界面，通过可视化的用户界面，表示信息和收集数据，是用户使用应用系统的接口。

通过统一的认证，实现用户、数据、功能三者的统一，实现各类信息数据、功能的互操作（即平台无关性），实现标准服务到特定 GIS 平台服务的调用接口。

用户类型层：对整个系统的分析，在用户类型上划分成以下五类用户，分别是：负责人、业务人员、主管部门、系统管理员和大众。根据用户类型的不同在信息提供和应用集成上也会提供不同的层次服务，系统的建设要有针对性和实用性。

此外，系统保障体系、组织保障体系、建设标准规范和安全保障体系贯穿于系统始终，从系统的开始建设到系统的正式运行都应重视这四部分的建设。

（1）建设标准规范

系统建设标准规范包括参考类标准、系统应用类标准、业务管理类标准和项目管理类标准，系统标准化、规范化建设在整个信息系统的建设中起着决定性作用，它决定了整个系统的应用前景、后续拓展以及与其他系统的兼容性。

（2）安全保障体系

安全性是系统和数据库建设的一个重要原则。安全隐患可能存在于构成系统的各个要素上，包括网络、服务器、存储、操作系统、数据库、中间件、组件平台、应用系统、人员等。因此，系统需要一个全面的安全机制。

（3）质量保障体系

为了保证项目的最终交付成果能够满足合同中规定的各项需求，保证项目能够按时完成，保证项目执行过程中双方能够有效地沟通合作，及时了解项目的进展状态，所以制定质量保证体系来明确规定为达到这一目的而采取的各种质量保证措施。

（4）组织保障体系

作为一项系统建设工程，组织保障体系确保双方组织充足的、具备相应资质的管理和技术人员，组成项目组共同展开项目的实施工作，包括项目领导小组和项目实施小组的人员组成、职责范围等内容。

### 6.3.4 系统软件架构

重庆主城城市排水管道系统安全预警地理信息系统是高度集成的全方位综合信息系统，根据系统建设策略，我们采用成熟的软件产品，通过简单的组装和定制开发，以最优的体系结构来建立系统数据框架和系统服务框架，以搭建平台的思路来整合排水系统安全信息资源，以服务的方式来进行系统和数据集成，在统一的基础框架上来进行主城排水系统安全应用子系统的开发，最大限度地减少系统投资，确保系统的先进性、成熟性、稳定性、可扩展性和灵活性，在可以预见的将来适应排水系统安全管理业务和数据不断变化的需要。

系统在软件架构上分为多层体系结构，采用了一系列先进的软件产品和针对排水系统安全业务的应用开发软件，系统整体软件架构如图6-3所示。

如图6-3所示，系统软件架构分为四个层次：数据中心、数据访问层、服务平台层和界面层，每一部分又包含多个成熟的软件产品，分别描述如下。

数据中心：前期采用性能比高、操作简单的 SQL Server 作为业务数据库和空间数据库软件；在条件允许的情况下，用 Oracle 代替 SQL Server 作为数据库软件。

数据访问：在数据层和应用服务之间封装了数据访问逻辑层，对业务数据访问采用 ado. net 技术来进行，对空间数据采用 ArcSDE 引擎来驱动。业务数据引擎是一个数据访

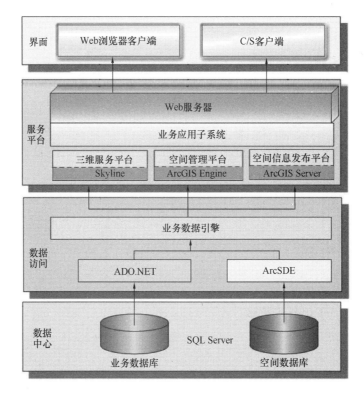

图 6-3　系统软件架构

间服务，它以对象方式对排水系统安全数据对象进行数据建模，数据对象包含属性信息也包含空间对象，它建立和维护对象关系之间的映射，对象实例化规则和对象之间的各种关系。数据访问服务提供数据模型驱动，应用服务不用关心具体的数据库，如表、字段、关系和具体的数据操作方法，如 SQL 语句等，应用服务通过一致的方式来操作业务数据对象，屏蔽了底层的技术细节。

服务平台：服务平台包括三个软件系统：重庆主城排水系统安全资源服务平台、应用子系统和 Web 服务。重庆主城排水系统安全资源服务平台又包括三维服务平台、空间管理平台和空间信息发布平台。三维服务平台是基于 . NET 环境下用 C♯ 以及 Skyline 开发的组件产品；空间管理平台是基于 ESRI ArcGIS Engine 进行开发的空间服务平台，包括空间数据建库、空间数据制图、空间查询和空间分析等一系列的空间服务；空间信息发布平台是基于 ArcGIS Server 的发布平台，主要将排水系统安全领域的一些专题图对外发布、查询和分析等。重庆主城排水系统安全应用子系统是在重庆主城排水系统安全控制资源服务平台基础上开发的应用子系统。Web 服务器是对外信息提供的统一 Web 服务软件，如微软的 IIS 等。

界面：系统根据用户的实际需要采用三种类型的界面。一是 Web 浏览器，针对一般的业务系统，如监测系统和一些办公系统；二是 C/S 客户端，对于空间数据建库和管理等应用，由于使用角色单一，如管理中心使用，对部署要求限制也比较低，对于这样的应用完全可以采用 C/S 方式来提供服务。

### 6.3.5 数据中心框架设计思路

**1. 总体数据流分析**

环境管理的信息处理活动从低到高的应用层次一般包括数据采集、数据的查询报告、统计分析、环境评价和环境决策等，每一个活动又包括许多复杂的动作。根据对重庆主城排水系统安全业务的了解和分析，系统总体数据流分析如图 6-4 所示。

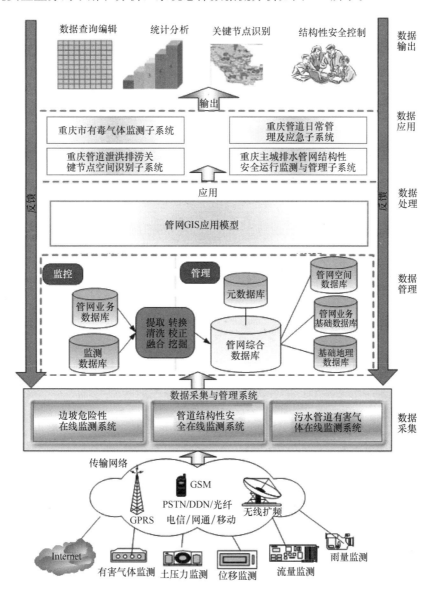

图 6-4 系统数据流分析

从上面的数据流程图可以看出，在整个系统中数据的流向有如下几个重要的关键处理点：

数据采集与管理：通过各种硬件监测系统等，通过传输网络，如 GPRS/GSM/

PSTN/DDN/光纤/无线扩频等多种网络，将采集的数据存放在监测数据库中；日常业务管理系统采集的数据存放在排水系统安全数据业务数据库中。

数据提取与挖掘：排水系统安全数据由于应用的现状不同，可能分散在不同的部门，由于信息化没有整体规划，有些数据也分散在不同的数据库。系统需要开发数据提取和挖掘的工具，将分散在不同数据源的业务数据和监测数据按照一定的规则进行信息的提取、转换、清洗、校正、融合和挖掘等一系列的处理，形成全新的综合数据库。这是建立排水系统安全综合数据库实现信息交换和信息共享的前提。

数据应用：通过以上数据的操作处理后，形成了多专题、多时态的排水系统安全综合数据库，这是排水系统安全数据应用各子系统进行信息交换和共享的场地，以此为基础，可以形成多种业务子应用。

数据输出：数据输出是数据应用的结果和表现形式，从低到高形成查询报告、统计分析、排水系统安全数据评价和决策等多层次的环境领域的知识。

信息反馈：数据输出是对排水系统安全数据管理和问题的一种认识，通过数据输出，形成排水系统安全环境认识、环境管理和环境决策，又自上而下改变排水系统安全环境管理过程中的每一个数据流节点，管理者根据信息反馈需要不断地调整数据采集、提取处理和分析的手段和方式，达到排水系统安全的最佳效果，从而形成管理管网的良性循环。

**2. 数据中心建设内容**

数据中心建设主要包括以下内容。

（1）数据分析

确定数据建设的内容、来源、格式、范围、数据量、分类分层、编码和空间关系等情况，确定数据的质量、采集、融合和建模方式等内容。对排水系统安全数据进行分析，实现对环境管理业务的一次梳理，明确排水系统安全系统管理的核心对象，为管理对象数据建模提供依据。

（2）研究并编写数据标准体系

主要包括以下数据标准：技术标准、数据编码标准、数据的安全标准、数据的存储标准和数据传输标准等。数据标准的建立是数据规范化的基础，是数据交换和共享的前提，也是衡量数据质量的依据；建立数据标准体系是数据中心建设的基础工作。

（3）数据建模

在对数据和地理环境管理对象充分分析的基础上，从地理环境管理者的角度来构建排水系统安全数据模型。数据建模也是个循序渐进的过程，首先需要现实管道数据抽象成排水系统安全数据管理最基本、最核心的对象，建立排水系统安全数据管理基本对象关系图，并以此为基础不断地完善和扩充，最终完成完善的管理对象图。

（4）数据采集

建立数据采集框架和采集模式，定义统一的数据采集接口。采集模式是对源数据和目的数据采集内容的定义，采集框架通过抽象的数据采集接口对采集模式进行管理，并按照采集模式的定义驱动采集模式的运行，从而完成数据的采集任务。

（5）数据管理

在常规的数据管理基础上（如安全、备份、优化等），还需要根据排水系统安全数据管理的特点和对信息的特殊要求，提供基于空间、时间和多专题的信息挖掘的方法，满足管理高层次的要求。

**3. 排水系统安全数据建模思路**

数据建模是在更高层次上对环境管理进行抽象并建立对象关系图，通过数据建模工具最终形成排水系统安全数据库。数据建模是数据中心最核心的工作，对数据建模的基本要求是从地理环境管理要素出发，对地理环境管理对象进行抽象，分解成粒度适宜的原子对象，通过对原子对象的组合形成更高层次的管理对象，这些地理环境对象有继承、组合多种关系，以后业务系统的建立只需要对原子对象进行动态组合来满足数据存储和管理的要求。从管理者的角度出发来思考问题，能有效地表达地理环境管理的问题，面向对象的方法符合一般人的思维规律，即将现实世界分解成明确的对象，这些对象具有属性和行为。

数据建模采用第三方通用的建模工具和标准的建模语言，建立排水系统安全数据模型；业务数据引擎通过解析 UML 模型来建立主城排水系统安全数据库。

**4. 排水系统安全空间数据建库及管理思路**

Geodatabase 是一种采用标准关系数据库技术来表现地理信息的数据模型，并支持在标准的数据库管理系统（DBMS）表中存储和管理地理信息，系统采用 Geodatabase 来存储主城排水系统安全数据，通过 SDE 空间数据库引擎来访问空间数据。

排水系统安全空间数据建库及管理思路：

（1）对基础空间数据和排水系统安全专题数据进行分析，制定空间数据标准，包括：数据精度标准、分类分层标准、数据编码标准、元数据标准、空间数据库设计标准和空间关系标准等；

（2）对需要建库的空间数据进行监理，包括空间精度、属性精度、逻辑一致性、完整性和现势性等数据质量的检查，确定数据质量；

（3）开发空间数据建库、规整工具，完成对数据格式的转换、规整、接边和入库等一系列的活动；

（4）开发空间数据管理工具，完成数据更新、历史库管理、安全管理、备份和恢复等空间数据管理。

## 6.3.6 服务框架设计思路

服务框架提供核心的服务功能，是业务子系统的技术支撑平台，同时也是一个开发框架，以此为基础，通过调用、组合、扩展和开发新服务的方式构建应用子系统，基于构件技术提供网络服务。服务框架的总体设计思想是基于 SOA 理念来构建服务组件，通过 SOA 的协作机制，以框架的方式构建主城排水系统安全资源服务平台。

SOA 的服务是一个粗粒度的、可以被发现和绑定的软件实体，它以单一实例的形式存在并与其他服务和应用通过松耦合的（一般是异步的）、基于消息的通信机制进行交互。用定义很好的机制封装应用，就有可能将单个的应用加入到一个服务的集合中。封装的过程创建了一个抽象层，屏蔽了应用中复杂的细节（实现的平台或者技术等），唯一相关的就是服务所描述的接口。

接口是信息服务暴露给服务利用者的描述信息和调用接口，需要解决应用系统访问、应用句法和应用语义三方面的问题。Web 服务技术可以在网络中描述、发布、查找以及调用对象/组件，也可作为一种可编程对象，通过 Internet 提供大量可访问的功能，为多层分布式应用系统的构建创造条件。

服务框架的核心是如何将服务分解成稳定、灵活、可重用的构件，在于如何利用已有的构件库组装出随需应变的应用软件，从一个面向构件的环境中去分析应用，如何做出灵活、重用的构件来思考。

服务框架可以根据业务需要，把技术服务进行归纳封装，形成一个个"服务"，面向应用的时候，把这些模块按照一定的流程组装起来满足业务管理的需要，提供服务管理能力，实现基于服务的建模、装配、动态更改和驱动，创造松散耦合、可扩展的信息服务管理框架。

## 6.4　系统关键技术及技术路线

### 6.4.1　基于 UML 的面向对象设计方法

在软件开发技术中，面向对象的软件开发技术成为当今主流。本系统建设与开发将采用面向对象的软件工程方法，包括面向对象的分析方法、面向对象的建模技术、面向对象的编程技术，严格按照软件工程的思想和技术要求进行项目需求分析、系统设计、编码、测试和维护、质量控制和项目的管理与监控，项目进行的各个阶段都能够提供完备、翔实的文档资料。同时，严格按照软件工程的要求进行系统建设的规划、管理、开发、风险跟进及规避。

在软件分析过程中，采用面向对象的分析方法（OOA），使用 Rational Rose 或 Microsoft Visio 等计算机辅助软件工程工具（CASE）。在系统设计和建模过程中，采用面向对象的软件设计方法（OOD），遵守统一建模语言（UML）的标准规范。在软件开发过程中，采用面向对象的编程方法（OOP），使用面向对象的 .NET 编程环境和组件开发技术。

软件开发是复杂度很高的知识工程体系，软件的开发必须按照软件工程的要求，规范系统需求分析、详细设计、程序编码和系统测试阶段管理，提交相应阶段的开发文档。经过多年来软件工程的实践，软件的过程管理开始成为软件工程的核心。

为了确保系统建设的质量，系统的开发、建库将严格遵从国家与地方的有关标准和规范。规定和统一程序格式、规定程序内外接口、变量设置、数据格式和文件格式等。提交规范性文档，包括系统调查与需求分析报告、系统总体设计、系统详细设计报告、系统测试报告、系统技术手册、系统维护与管理手册等。

## 6.4.2 空间数据库技术

排水系统安全空间数据库的建设以 Geodatabase 空间数据模型来构建，在 Geodatabase 模型中，地理空间要素的表达较之以往的模型更接近于对现实事物对象的认识和表述方式。Geodatabase 中引入了地理空间要素的行为、规则和关系，当处理 Geodatabase 中的要素时，对其基本的行为和必须满足的规则，我们无需通过程序编码；对其特殊的行为和规则，则可以通过要素扩展进行客户化定义。

排水系统安全空间数据和业务数据之间的整合，基于业务数据对象模型的基础上进行设计，一个业务数据对象在属性上应该既包含业务数据，也包含空间信息，在数据建模层次来进行统一。如一个检查井数据对象，不仅要包含名称、位置等信息，同时还应该包含空间位置的信息，达到空间数据与业务数据有机结合。

## 6.4.3 框架技术

系统建设以数据中心为基础，数据框架在数据库和排水系统安全服务平台基础上增加了业务数据引擎中间层，以业务数据对象为核心提供统一的面向对象的编程模型来访问底层的不同数据源，业务数据引擎中间层包括业务数据建模和模型驱动，业务数据建模采用通用的建模工具如 ROSE 来构建业务数据模型对象，由系统提供的工具自动映射到关系数据库中。模型驱动用一致、通用的方式来表示和操作具体的物理数据库。如在排水系统安全业务办公系统中，可以基于环境管理的角度来抽象排水系统安全业务数据对象，有了这种抽象层次更高的模型，可以以通用的方式来定义和访问排水系统安全业务数据，从而统一描述和访问不同的数据源，降低对技能的要求，提高生产率，更容易在不同的应用环境交换。

系统建设以排水系统安全服务平台为重点，以 SOA 架构为平台的核心；SOA 凭借其松散耦合的特性，使得企业可以按照模块化的方式来添加新服务或更新现有服务，以解决新的业务需要，提供选择从而可以通过不同的渠道提供服务，并可以把企业现有的或已有的应用作为服务，从而保护了现有的基础建设投资，在一定程度上节约成本投入。服务的接口和实现相独立，应用开发人员或系统集成者可以通过组合一个或多个服务来构建应用，而无须理解服务的底层实现。

## 6.4.4 基于 Web Service 的应用集成

Web 服务（Web Service）是松散耦合的、可复用的软件模块，其目的是为在 Internet 上不同操作系统、硬件平台和编程语言间集成应用软件提供支持，方便应用的实现和发布。Web 服务使用"发现"机制定位服务，以实现松散耦合，使用服务说明来定义如何使用服务，使用标准的传送格式进行通信，其技术架构包括 UDDI、WSDL、SOAP、XML 等。

本系统将通过提供应用 Web 服务注册、集成、发现机制，构建基于 Web 服务的建模、装配、动态更改管理及制定的基础管理框架平台，提供一种可管理的、自我服务的模式，创造一个松散耦合、可扩展、自主服务的分布式重庆主城排水系统安全地理信息系统应用与信息服务环境。系统将采用基于面向服务的架构（SOA）理念，将节点"内部"的业务应用系统的功能组件以服务（Service）的形式提供对外接口，如各类元数据规则引擎（包括工作流引擎）、GIS 公共组件等；基础管理框架平台可通过服务接口获取业务应用系统内的信息资源；通过"业务对象（数据）交换组件"，实现基础管理框架平台与各应用节点上的业务应用系统之间的结合。

### 6.4.5　基于 XML 的数据访问服务

以 XML 标准格式来传输数据，用 Web 服务来整合业务。采用 Web 服务技术规范体系，构建基于服务的建模、装配、动态更改管理及制定的平台，提供一种可管理的、自我服务的模式，创造一个松散耦合、可扩展、自主服务的分布式环境信息交换与服务管理框架。

在实际操作过程中，首先实现基于 XML 标准格式的分布式的多源异构数据统一访问，产生 XML 格式的数据流，使之通过各类 Web 服务实现在内部应用系统之间的传输，驱动成业务数据模型，实现重庆主城排水系统安全数据的具体应用。为方便数据的应用，针对不同层次和架构的应用，通过基础框架平台提供统一的、基于 Web 服务的 XML 数据访问接口。

### 6.4.6　基于 ArcGIS Engine 的 GIS 组件开发

ESRI 在 ArcGIS 9.0 中推出了 ArcGIS Engine，对 GIS 功能组件库 ArcObjects 进行了重构，缩小了 ArcObjects 的组件粒度，使得基于 ArcObjects 的应用开发可以更加灵活，系统加载速度和运行效率较以往有很大提高。ArcGIS Engine 提供的嵌入式开发环境所提供的功能类似于 ArcObjects，并涵盖了 ArcObjects 大部分的功能，是足够强大的，完全能够胜任本系统需要功能的开发。用 ArcGIS Engine 开发的应用，在分发部署时受 ArcGIS Engine Runtime License 的控制。但比起 ArcInfo 或 ArcEditor 的 License 来，ArcGIS Engine Runtime License 的价格有了数量级的降低，因而具有很高的性价比。

### 6.4.7　采用 B/S 和 C/S 混合模式体系结构

系统采用 B/S 和 C/S 混合的体系结构。空间数据建库、空间数据管理和分析等采用 C/S 架构，业务系统、监测系统和信息发布等采用 B/S 架构，两种体系架构相互依存、互为补充。

## 6.4.8　结合已有平台，渐进开发

系统设计与实现将考虑在公司成熟的平台上进行。系统中与平台结合比较紧密的功能开发，将整体规划、统一开发、统一部署。设计上有针对性，实现上突出重点和难点。

为提高系统开发效率，服务框架和数据框架采用成熟的软件产品，在其基础上通过定制开发而成，确保其先进性、稳定性和成熟性；在应用子系统开发模式上采用自顶向下的瀑布式开发方法（原型迭代法），即先设计开发出一定的系统原型，然后依次完善功能，逐步逼近目标的方式。

## 6.4.9　海量数据的存储、管理

根据信息共享要求，在数据生产、管理、应用服务以及更新和维护过程中，如何组织和管理好海量空间数据，如何快速、全面有效地访问和获得所需数据，将成为系统建设面临的突出问题，是能否发挥系统最大性能的关键所在。

传统的 GIS 系统对地理空间数据的存储与管理大多采用这些商业软件特定的文件方式，如 ArcInfo 的 Coverage、MapInfo 的 Tab、MapGIS 的 WL 等，数据量越多，文件就越大，数据处理就越复杂，其存储、检索、管理也就更困难，而且其最大的缺点是还不能进行多用户并发操作。由此可见，用以往传统的存储机制去管理海量数据，显然已经不能满足要求，而近年来发展起来的空间数据库引擎技术则是解决海量数据存储管理的途径之一。

## 6.4.10　框架技术

框架（FrameWork）：构架用于定义消息的结构和内容框架，框架是构成一类特定软件可复用设计的一组相互协作的类，它规定了用户的应用的体系结构，定义了整体结构、类和对象的分割、各部分的主要责任、类和对象如何协作，以及控制流程，因而，框架更强调设计复用。从组成来讲，框架是抽象类和具体类的混合体，抽象类存在于框架中，具体类存在于应用程序中，所以，框架是一个有待完成的应用程序，里面包含了特定领域的应用程序的共同方面；另外，通过定义一些设计参数，以用于各个应用程序的特殊细节。一个框架是一个可复用的设计构件，它规定了应用的体系结构，阐明了整个设计、协作构件之间的依赖关系、责任分配和控制流程，表现为一组抽象类以及其实例之间协作的方法，它为构件复用提供了上下文（Context）关系。

框架的设计要力求做到：完备性、灵活性、可扩展性、可理解性，同时抽象后能用于不同的场合；用户能轻松地添加和修改功能，定制框架；用户和框架的交互清晰，文档齐全。框架设计的一个核心问题就是发现可重用的设计和"热点"，以保证框架具备充分的灵活性，使用户能在已有构件的基础上生成应用程序，实现"零代码编写"的理想目标。

采用框架技术使系统具有以下特色：

（1）软件结构一致性好；

（2）系统更加开放，扩展性更好；

（3）重用代码大大增加，软件生产效率和质量也得到了提高；

（4）软件设计人员要专注于对领域的了解，使需求分析更充分；

（5）存储了经验，可以让那些经验丰富的人员去设计框架和领域构件，而不必限于底层编程；

（6）允许采用快速原型技术，减少系统实施的风险；

（7）有利于在一个项目内多人协同工作。

## 6.4.11　Web GIS 技术

互联网（Internet）的迅速崛起和在全球范围内的飞速发展，使万维网（World Wide Web，简称 WWW 或 Web）成为高效的全球性信息发布渠道。随着 Internet 技术的不断发展和人们对地理信息系统（GIS）的需求，利用 Internet 在 Web 上发布和出版空间数据，为用户提供空间数据浏览、查询和分析的功能，已经成为 GIS 发展的必然趋势。于是，基于 Internet 技术的地理信息系统（Web GIS）就应运而生。Web GIS 具有以下的特点：

更广泛的访问范围：客户可以同时访问多个位于不同地方的服务器上的最新数据，而这一 Internet/Intranet 所特有的优势大大方便了 GIS 的数据管理，使分布式的多数据源的数据管理和合成更易于实现。

平台独立性：无论服务器/客户机是何种机器，无论 Web GIS 服务器端使用何种 GIS 软件，由于使用了通用的 Web 浏览器，用户就可以透明地访问 Web GIS 数据，在本机或某个服务器上进行分布式部件的动态组合和空间数据的协同处理与分析，实现远程异构数据的共享。

可大规模降低系统成本：普通 GIS 在每个客户端都要配备昂贵的专业 GIS 软件，而用户使用的经常只是一些最基本的功能，这实际上造成了极大的浪费。Web GIS 在客户端通常只需使用 Web 浏览器（有时还要加一些插件），其软件成本与全套专业 GIS 相比明显要节省得多。另外，由于客户端的简单性而节省的维护费用也不容忽视。

更简单的操作：要广泛推广 GIS，使 GIS 为广大的普通用户所接受，而不仅局限于少数受过专业培训的专业用户，就要降低对系统操作的要求，通用的 Web 浏览器无疑是降低操作复杂度的最好选择。

平衡高效的计算负载：传统的 GIS 大都使用文件服务器结构的处理方式，其处理能力完全依赖于客户端，效率较低。而当今一些高级的 Web GIS 能充分利用网络资源，将基础性、全局性的处理交由服务器执行，而对数据量较小的简单操作则由客户端直接完成。这种计算模式能灵活、高效地寻求计算负荷和网络流量负载在服务器端和客户端的合理分配，是一种较理想的优化模式。

## 6.4.12 Skyline 技术表现与 ArcGIS Server 技术分析相结合

Skyline 是一套优秀的三维数字地球平台软件，凭借其国际领先的三维数字化显示技术，它可以利用海量的遥感航测影像数据、数字高程数据以及其他二、三维数据搭建出一个对真实世界进行模拟的三维场景。目前在国内，它是制作大型真实三维数字场景的首选软件。

Skyline Terra Suite 主要包含三类产品：

（1）TerraBuilder：融合海量的遥感航测影像数据、高程和矢量数据以此来创建有精确三维模型景区的地形数据库。

（2）TerraExplorer：它是一个桌面工具应用程序，使得用户可以浏览、分析空间数据，并对其进行编辑，添加二维或者是三维的物体、路径、场所以及地理信息文件。TerraExplorer 与 TerraBuilder 所创建的地形库相连接，并且可以在网络上直接加入 GIS 层。

（3）TerraGate：它是一个发布地形数据库的服务器，允许用户通过网络来访问地形数据库。

ArcGIS Server 是一个应用服务器，包含了一套在企业和 Web 框架上建设服务端 GIS 应用的共享 GIS 软件对象库。ArcGIS Server 是一个新产品，用于构建集中式的企业 GIS 应用，基于 SOAP 的 Web services 和 Web 应用。

Skyline 侧重三维表现而 ArcGIS Server 侧重空间分析，一般在系统开发过程中都是使用两者优点的结合。

## 6.4.13 SWMM 技术与 GIS 技术相结合

EPA 雨洪管理模型（SWMM）是一个关于降水-径流动态模拟的模型，主要用于城市地区单一或连续降水事件的径流量及水质模拟。SWMM 中的径流运算在一组子汇流区域上分别进行，子流域接收降水产生的径流及污染物。汇流部分将所产生的径流通过管道、渠道、蓄水/处理设施、泵站和径流调节器构成的排水系统输送走。SWMM 可追踪整个模拟时段内各子汇水区域产生的径流量、水质，以及每一管道渠道内的流速、径流深和水质。

GIS 是多种学科交叉的产物，它以地理空间为基础，采用地理模型分析方法，实施提供多种空间和动态的地理信息，是一种为地理研究和地理决策服务的计算机技术系统。其基本功能是将表格型数据（无论它来自数据库、电子表格文件或直接在程序中输入）转换为地理图形显示，然后对显示结果进行浏览、操作和分析。其显示范围可以从洲际地图到非常详细的街区地图，现实对象包括人口、销售情况、运输线路以及其他内容。

二者真正结合，可以实现模型计算和空间数据的展示和分析的优点。

# 6.5　系统中心数据库建设

## 6.5.1　基于排水系统安全管理对象的数据建模

排水系统安全数据建模的基础是对排水系统安全管理对象的分析和抽象，即根据排水系统安全管理对象的本质，抽象管线及其影响空间业务模型。排水系统安全管理对水及污染源和周边环境之间起调节管理作用，相当于杠杆。三者关系如图 6-5 所示。

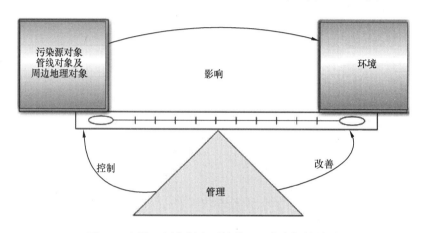

图 6-5　环境、污染源和环境管理三者之间的关系

需要通过调研来分析污染源、管线对象及周边地理对象，环境以及管理对象的层次关系，为数据建库服务。

## 6.5.2　数据库建设原则

数据库建设应该遵循如下原则。

**1. 数据结构合理性**

合理的数据结构，能最大限度地减少数据冗余，保持数据的完整性、一致性，是数据库设计最重要的部分。

**2. 数据标准化**

数据标准建设确定排水系统安全管理对象的数据标准体系，主要包括以下内容：

（1）技术标准：数据质量标准、数据字典标准、数据转换标准、元数据标准、地理参考系统标准、数据精度标准、数据的分类分层标准、数据编码标准、数据库设计标准、空间关系标准；

（2）数据安全标准；

（3）数据存储标准；

（4）数据传输标准等。

数据标准化建设是数据中心建设的基础性工作，制定适合排水系统安全管理对象数据标准的意义重大，它是数据交换和数据共享等数据管理的前提，同时它也决定了排水系统安全管理对行业应用系统是否具有兼容性、扩展性、可维护性、可升级性，也是各项功能实现的重要保障。

**3. 数据完整性**

在数据库建设过程中，必须将能够进入数据库中的数据全部录入数据库中去，使建成的数据库具有业务类型和内容上的完整性。

**4. 数据共享性**

数据库是一个共享资源，可以有多个用户使用，为了充分利用数据库资源，应该允许各用户程序可以并行存取数据，这样就会产生多个用户并发地存取同一个数据的情况，若对并发操作不加以控制就会存取和存储不正确的数据，破坏数据的完整性、一致性。

**5. 数据安全性**

要防止对数据的非法使用，必须对用户进行权限划分，给每个用户各自应有的数据操作权限，并记录关键数据操作的全过程，防止对数据进行有意无意的破坏，并能对造成的破坏进行恢复。

**6. 数据独立性**

存储结构和存储策略的改变不对应用造成重要影响，要求存储结构具有易维护、易扩充的特性。

**7. 数据现势性**

现势性是指数据库中的信息必须得到及时的更新，如果数据得不到及时的更新，将严重影响到数据的正确性，将会导致重要的决策失误。

## 6.5.3 数据库建设的主要内容

数据库建设的目标是：以重庆主城排水系统安全为核心，整合空间数据、属性数据；通过具体应用需求，达到信息共享的目的。

数据库总体建设主要包括：业务属性数据库、空间数据库的建设两大块建设内容。业务数据以排水管网和监测点为核心数据，扩展出在线监测、监控、手工监测数据，监察管理数据和统计数据等。

空间数据以重庆基础空间数据为基础，整合各种专业图层，构成 GIS 的基础数据。空间数据库和业务数据库将有机地整合到一起，共同为重庆主城排水系统安全信息系统提供数据保证（图 6-6）。

以下从业务数据库和空间数据库的角度分别叙述。

**1. 业务数据库建设**

业务数据将建立如下数据库。

（1）基础地理数据库

数据库设计的基本思路是把基础数据和动态变化的业务数据分开；基础数据包含了基本的空间属性信息，作为管网业务数据的辅助背景数据。

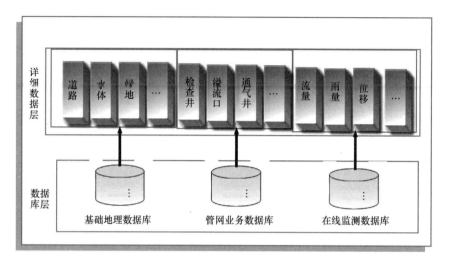

图 6-6　数据库设计

基础地理数据库主要包括：

① 交通数据；

② 水体数据；

③ 绿地数据；

④ 房屋数据；

⑤ 地名数据。

（2）排水管网业务数据库

排水管网数据库将包含如下内容：

① 管道基本信息；

② 监测井基本信息；

③ 溢流口基本信息；

④ 在线监测仪器信息；

⑤ 通气井基本信息；

⑥ 灾害点基本信息；

⑦ 地质环境信息；

⑧ 冲沟分布基本信息等。

（3）监测点基础信息库

管线测点信息主要是管网区域雨量、流量、边坡位移、有害气体的基本信息，结合业务测点分为以下几个层次，如图 6-7 所示。

（4）在线监测数据库

在线监测数据库主要是针对监测点的监测数据，其中包括了自动监测站数据以及手工监测数据、监察数据。

主要数据项包括：

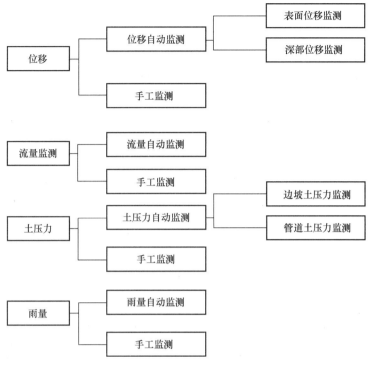

图 6-7　测点分类图

① 位移监测数据；

② 雨量监测数据；

③ 有害气体监测数据；

④ 流量监测数据。

**2. 空间数据库建设**

根据基础地理数据库、管网业务数据库、在线监测数据库的具体情况，需要对地图进行如下的规范化检测：

建立统一的图层命名规范，建立字段命名规范；

对现有的图形数据的属性字段进行规范化检查；

分析实际应用对空间数据的要求，针对要求规范图层建设，如为了便于以后作关键节点的空间识别分析，管网中的管线应该建立管网的拓扑关系。

在此基础上需要在内容上完善管网专业空间数据库以及基础数据库的建设。

（1）专业空间数据库建设

根据 GPS 数据、遥感数据，以及各种管网数据，建设重庆主城管网专业空间数据库，主要包含如下内容：

① 管道空间信息；

② 溢流口空间信息；

③ 在线监测点位（位移、雨量、流量、有害气体）空间信息；

④ 边坡空间分布信息；

⑤ 下垫面类型分布信息；

⑥ 关键节点空间信息；

⑦ 污染源空间位置信息（包括变更污染源空间数据，根据比例尺可以足点状的或面状的）；

⑧ 其他。

（2）基础空间数据库建设

根据 GPS 数据、遥感数据，以及现有的空间数据库，完善基础空间数据。

基础空间数据库主要包括以下内容：

① 行政区划层

行政区划层记录的是重庆市各级行政区划地理分布，包括区界、街道（乡镇、开发区、农场）界、居民区（行政村）界，其属性信息包括区划编码、区划名称、驻地名称、面积、户数（户）、人口（人）、居委会（个）、村委会（个）。

② 水系层

水系层包括海洋、河流、湖泊、水池及航道等的地理分布。

③ 道路层

道路层中存放的是重庆市所有的主干道、次干道以及居住小区内部道路分布，其属性信息包括道路名称、道路等级等。

④ 居民区

主要包括主要居民区的描述。

⑤ 绿地层

绿地层包括城市绿地（包括公园、道路绿化带、居民区绿地、生产绿地、防护绿地、其他绿地）的地理分布。

⑥ 地名层

地名层包括重庆市所有主要的党政机关驻地、金融保险地点、体育文化地点、交通运输地点、旅游资源点、科研教育地点、医疗卫生地点、公司企业地点、重点工程地点等，其属性信息包括单位名称、负责人姓名、联系方法等。

⑦ 注记层

注记层存放各种文字注记信息，如水系、绿地等注记。

⑧ 遥感图片

遥感图片采用快鸟公司产品，快鸟卫星是目前世界上商业卫星中分辨率最高、性能较优的一颗卫星。其全色波段分辨率为 0.61m，彩色多光谱分辨率为 2.44m，幅宽为 16.5km。根据标书要求的，中心城区采用 2006 年分辨率为 0.61m 的遥感图片、郊区采用 2006 年分辨率为 2.44m 的遥感图片的配置需求，考虑到 0.61m 全色波段为黑白图片，2.44m 多光谱为彩色图片，建议采用 2006 年快鸟 3 波段融合彩色遥感图片。

### 3. 元数据库建设

由于排水管网控制业务的广泛性，整个系统涉及的信息也较为广泛，为了促进管理者内部的信息充分共享以及控制内部信息系统信息的安全，使得市政信息部门的信息资源能为整个社会服务，更好而有效地管理和使用整个管网资源数据，确保使用数据的可信度，必须在系统建设中引入元数据管理技术。

元数据通常包括以下内容：数据集标识信息、数据质量、数据源和处理说明、数据内容摘要、数据空间参照系统、数据分类、数据分发信息以及与描述数据有关的其他信息等。本系统的元数据是广义的，还包括各类数据规则。

空间信息服务元数据管理应用目标：空间信息服务的发布、描述管理；空间数据的内容描述；指导不同平台的数据组织实施；图形数据与属性数据的关联；图形数据与业务管理；数据质量管理；数据版本管理。

## 6.5.4　中心数据管理

### 1. 数据抽取

数据抽取的现状主要分为两大类，第一类为由外向内的抽取，第二类为自下而上抽取。

第一类数据抽取：由重庆管网应用子系统采集和管理的数据，这类数据存放在数据接收中心，按照数据标准进行提取、清洗、转换等步骤，然后进入中心数据库；

第二类数据抽取：在中心数据库内，各个应用子系统的数据汇集到中心数据库，为了实现环境管理信息层次划分、数据交换、数据共享和数据发布等多种环境管理的需要，需要将上述数据按照一定的规则进行抽取，存放到综合数据库中。抽取方式是建立数据的抽取规则，由数据抽取引擎来完成数据抽取任务。

### 2. 数据交换与共享

建立基于元数据的数据交换与共享服务。元数据的作用是可以通过它检索、访问数据库，可以有效利用计算机的系统资源，从而满足系统内不同用户对不同类型的主城排水系统安全信息资源的需求以及数据交换、更新、检索、数据库集成等操作。

将建立基础地理数据、专题数据和各类业务数据的元数据库，建立完整、详细的数据目录体系。通过对元数据的管理，从平台管理整体把握系统内各类数据的类型、质量、精度、空间参考、生产更新周期、提供单位、使用权限等信息，通过系统提供的元数据管理工具进行编辑修改等维护工作。在元数据层面上，各种异构数据的类型、格式、精度等差异将对使用者透明，避免了因为数据的异构特征导致的信息共享障碍。同时，系统将对外提供元数据发布功能。数据交换与共享单位可以通过访问平台所发布的元数据信息，了解、查看和共享元数据，通过元数据的共享，进而实现对应空间数据的共享。

开发数据交换服务，提供数据交换接口，数据交换接口在具体的实现上是一个 Web Service，它是数据交换的对外窗口，通过对外部提供标准通信方式供其他系统使用。同时，平台也利用特定的标准通信方式，调用其他系统的功能模块，以此与其他系统联合运作，实现主城排水系统安全数据的交换。

由于数据涉及诸多内容，而各数据源单位是在各种不同的平台上生产数据，因此，数据交换涉及多种不同的软件，数据交换体系是一个复杂的系统工程。数据交换体系分两步实现：第一步，浅层次的数据交换，利用空间数据发布的形式在客户端实现数据共享，即利用当今流行的 Web Service 技术，集中不同的信息源共同为客户进行空间数据服务。这种方式不涉及复杂的不同软件数据转换问题，是目前技术条件下可行的办法。第二步，将各种不同的软件数据结构吃透，构架软件底层的转换系统，这一步还有待于 GIS 软件的进一步发展和融合。

数据交换服务接收来自不同数据服务功能的请求，并将它们按统一的逻辑结构和数据模型进行重构，重组后向应用组件发布各类元数据、空间/非空间数据，以响应对数据的请求。

**3. 数据综合应用**

数据的综合应用是建立在数据抽取的基础之上的，是对主城排水系统安全数据库中的数据进行不同层次的管理、抽象、分析和挖掘。

在了解用户需求的基础上，勾画出数据综合应用层次示意图（图 6-8）。

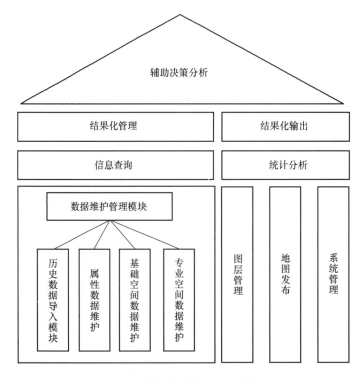

图 6-8　数据综合应用层次分析

其中，数据维护管理模块是系统的基础，包括了空间数据的维护和属性数据的维护，以及数据的历史维护。图层管理是对地图的各种操作性的维护，如质量检查、出/入库管理、数据批量更新等；地图发布是将管网管理的现状、管网规划、管网分析的结果和地图数据一起进行网络发布，形成管网管理者和大众相互交流的互动平台；系统管理维护是针对系统权限、安全、功能配置等的维护功能。

信息查询，以及统计分析是建立在数据的基础之上的，是对空间属性一体化的查询和统计；结果化管理以及输出是针对系统的查询、分析的结果的管理，如地图或者表格图表的打印输出。所有的系统功能在信息共享的基础上，将最终为辅助决策服务，系统将扩展辅助决策方面的功能或者接口。

## 6.6 系统应用子系统开发和实现

### 6.6.1 系统简介

以重庆主城管网为研究主体，分别对城市管道泄洪排涝关键节点空间识别、排水管网结构性安全运行监控与管理、地下污水管道日常维护与应急、污水管道有害气体监测与预警等方面建立的集综合管理、实时监测、动态模拟、预警预报于一体的 GIS 系统。系统可设计不同重现期下的降雨过程、管道内雨水流动以及地面积水情况，找出排水系统的瓶颈制约，提出改造措施并对改造措施进行评估，并基于 Web 的管道结构性安全动态监测和评估、预警，同时针对污水管道有害气体也实现了远程动态监控，并实时提供各种有害气体的浓度和危险等级等信息。如图 6-9 所示。

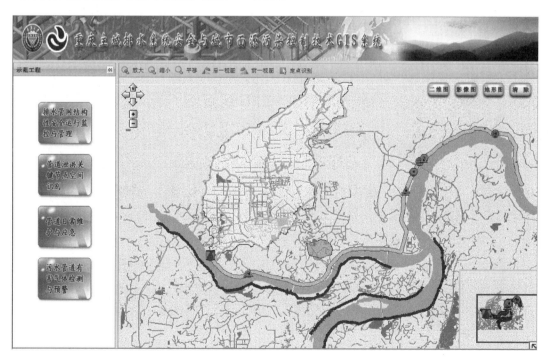

图 6-9　系统主界面

### 6.6.2 功能说明

**1. 基本地图功能**

主要对地图进行导航浏览，提供灵活方便的图形显示操作，包括放大、缩小、平衡、全图、后一视图、前一视图、定点识别。系统提供了二维地图（图 6-10）、影像地图（图 6-11）、地形图（图 6-12）三种地图模式的切换，默认加载二维图显示，二维图能清晰地抽象表达业务对象，可以进行各种 GIS 分析功能。影像是现实世界的数字化处理，通过这一视图，可以非常清楚地看到重庆主城各级管线空间位置分布情况。地形图直观显示重庆主城地形地貌，可对管网分布起一个辅助评估作用。

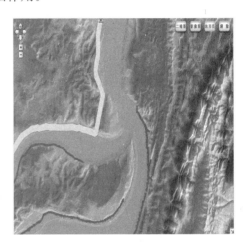

图 6-10　二维地图　　　　　　　　　　　图 6-11　影像地图

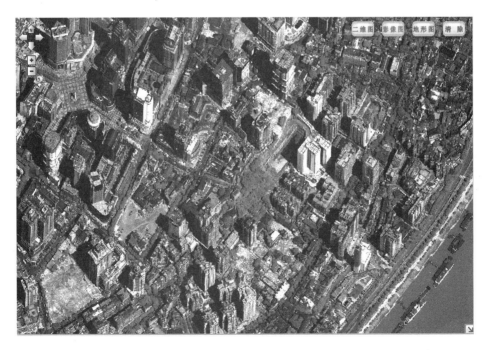

图 6-12　地形图

**2. 各示范区功能示范**

系统主要分为排水管网结构性安全运行监控与管理、管道泄洪关键节点空间识别、管道日常维护与应急、污水管道有害气体检测与预警四个功能示范区。

本系统对四个功能区的硬件、范围、相关的实验专项都作了详细的介绍，如排水管网结构性安全运行监控与管理系统主要对地质灾害、内压超载、污水腐蚀等危害下的排水管道安全性进行预测。通过对 A 管周边地质灾害的监测与防治，以及对管道流量、内压、力学性能的实时监测综合预测、评估管道结构性安全。

## 6.6.3　排水管网结构性安全运行监控与管理子系统功能

排水管网结构性安全运行监控与管理系统以主管 A 线为研究对象，重点针对降雨导致的各种地质灾害、内压超载、污水腐蚀等危害下的排水管道安全性。通过对 A 管周边地质灾害的监测与防治，以及对管道流量、内压、力学性能的实时监测综合预测、评估管道结构性安全。

**1. 管道监测与查询模块**

管道监测与查询模块主要是针对管道相关属性的查询、危险因子的监测、管道安全性分析。通过提供的多种方式查询管道相关详细属性以及其空间位置，并结合安装在管道上的监测设备实时传输的监测数据（包括雨量、土压力、管道形变等），经过模型计算管道危险性等级，得出管道危险等级划分图。该模块包括以下功能：管道查询、检查井查询、管道监测、管道安全性分析、自定义查询、溢流口查询等。

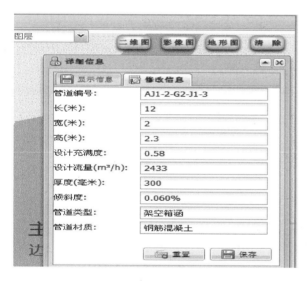

图 6-13　管道、检查井、溢流口查询模块

（1）管道、检查井、溢流口查询模块（图 6-13）

可采用点击选择、拉框、任意多边形选择等多种选择方式在地图上选择管道，查询选择管道的属性数据，可查询的管道属性数据如下：管道的汇水流域，序号，管道编号，接入主干管井编号，地点，两端进入干管处/接水口处标高，管径（cm），长度（m），管材，总长度（m），外管（暗管，明沟），截溢井（座），格栅（座），挡堰情况（宽×高（cm），溢水管沟，沉泥井（座），跌消井（座），检查井（座），压力井（座），通气管（座），设计单位与日期，建设单位及日期，使用年限，使用历史中发生的损坏与维修维护历史、备注等（图 6-14）。

（2）传感器数据实时查询模块

管道中集成各种传感器，如流量传感器、力学性能监测计、土压力计。

　　系统将 GIS 数据空间数据与流量传感器动态监测户外流量信息相结合，以查看不同时段流量变化情况。实时流量监测，历史流量查询，通过输入起始时间和终止时间来查询该时间段的流量。安装在埋地管壁上的土压力能实时传输边坡下滑对管壁的压力，以及上覆土对上管壁的重力，保证了对管道受力情况的实时了解。同时，安装在管壁上的力学性能检测计能实时传输管道受力而产生的形变，可以直接反映管道损坏状况。

图 6-14　构筑物信息

　　（3）管道安全性分析模块（图 6-15）

　　管道安全性分析是通过将管道流量、土压力、力学性能等的监测数据结合专家经验来定义管段安全等级。包括单管道分析和 A 管全线分析两个模块。单管段分析，系统自动按管段编号自动查看各管段的安全性。也可手动停止并人工选择要查看管段的危险等级。A 管全线分析是针对主城 A 管所有管段进行安全性分析，得出一个全线安全图。

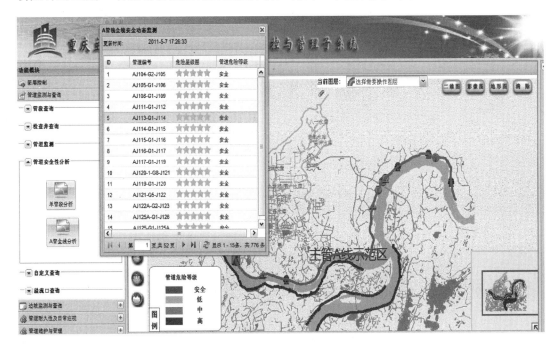

图 6-15　管道安全性分析模块

**2. 边坡监测与查询模块**

　　针对降雨历史统计数据和雨量监测数据，在构建雨量—降雨持时—滑坡关系模型的基础上，在 GIS 系统中建立边坡的各种地质因子（如岩性、地质构造、基岩性质等因子）与降雨历史数据以及实时监测数据的耦合关系模型，进行降雨致边坡危险性分析，确定按不同季节或月份的雨量—边坡灾变概率（边坡灾变包括滑移土体大小、滑移量等）、雨季不同持时的降雨—边坡灾变概率等，并在地图上以概率和危险性等级两种方式显示。主要功能有：边坡查询、边坡监测、边坡单体分析、边坡区域分析。

（1）边坡监测与查询（图 6-16）

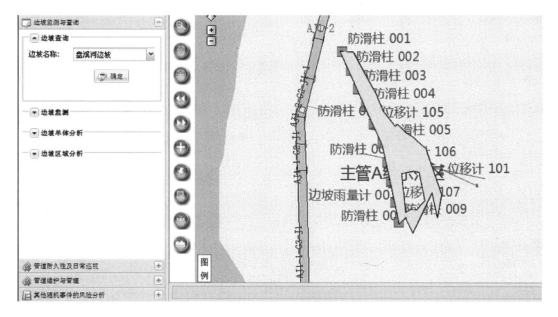

图 6-16　边坡监测与查询

该模块可以对管道周边边坡进行空间和属性的查询（图 6-17），查看边坡空间分布情况及相关治理信息；针对影响边坡稳定性的雨量、位移、土压力等因子的动态实时监测，包括雨量监测、位移监测和土压力监测（图 6-18）。

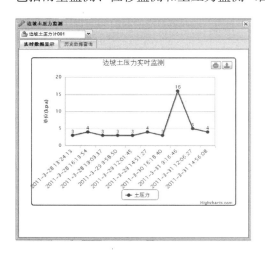

图 6-17　空间和属性查询

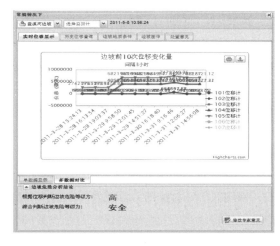

图 6-18　边坡监测

（2）边坡危险性分析

边坡单体分析可以针对边坡单体位移变化、地质条件、现场观察情况、降雨情况等，根据专家经验判断边坡危险等级。按降雨与否分为常规情况和雨天情况下的边坡危险分析。边坡区域分析是针对管道周边 50m 范围，边坡隐患的一个整体分析。通过对该区域雨量、坡度、岩性、覆盖层、地质构造等影响边坡稳定性的叠加分析，得到管道周边 50m 范围的边坡危险性分布情况（图 6-19）。

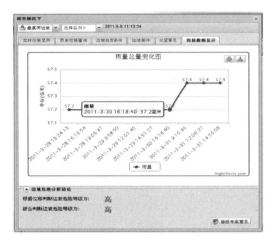 

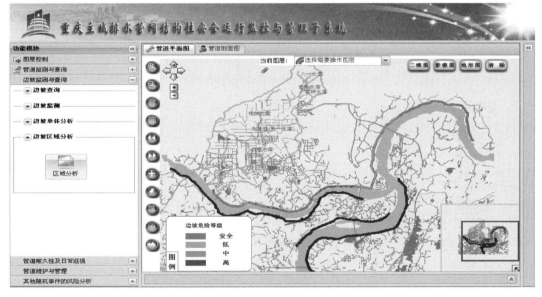

图 6-19　边坡危险性分析

### 3. 管道耐久性维护与日常巡视模块

该功能是针对此前分析的管段危险以及管道腐蚀状况和日常巡查结果给管道以一般性的维护和管理意见及措施。选择需要查看的管道，显示相应管道的详细信息及腐蚀状况，并且在管段日常巡查结果窗口右键点击进行添加、删除、修改操作（图 6-20）。

### 4. 管道维护与管理模块

针对此前分析的管段危险以及管道腐蚀状况和日常巡查结果给管道以一般性的维护和管理意见及措施。点击选择管道腐蚀等级，确定后弹出对该类管段的维护和管理措施，并及时更新该管段的现场图片（图 6-21）。

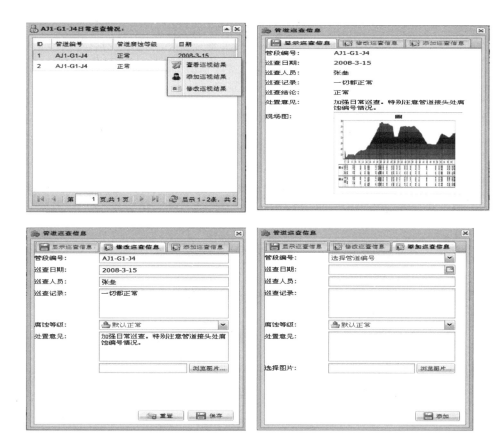

图 6-20 管道耐久性维护与日常巡视模块

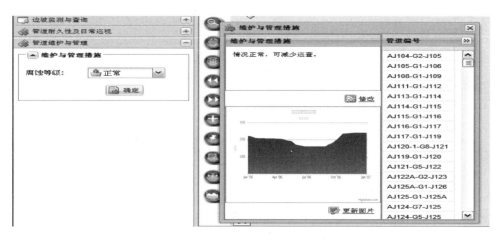

图 6-21 管道维护与管理模块

## 6.6.4 管道泄洪排涝关键节点空间识别

### 1. 示范功能简介

以 SWMM（Storm Water Management Model）模型作为理论基础，该模型可以对单

场降雨或者连续降雨产生的坡面径流进行动态模拟，进而解决与城市排水系统相关的水量与水质问题。在系统中设计不同重现期下的降雨过程、管道内雨水流动以及地面积水情况，找出排水系统的瓶颈制约，提出改造措施并对改造措施进行评估，为排水管网的优化与改扩建提供理论和技术指导。功能界面如图 6-22 所示。

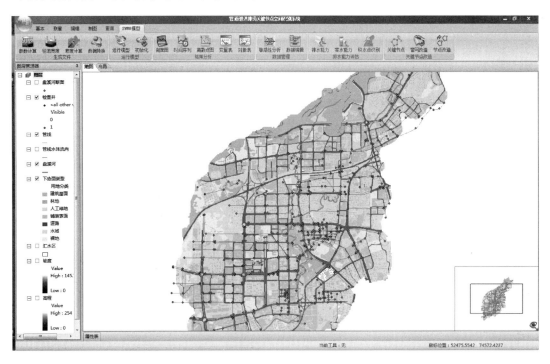

图 6-22　功能界面

**2. 地图测量模块**

该模块提供了专业的地图测量，针对地图各种要素进行测量，如点状要素的空间坐标、经纬度测量；线性要素的长度、距离测量；面状要素的面积、周长测量等。同时，还具有任意画线测量长度，画面测量面积和周长等功能，方便用户测量自己感兴趣的要素。

**3. 数据编辑模块**

系统可以对管线、管点、下垫面类型等空间数据进行各种操作和编辑；对管线、管点参数和属性进行编辑和统改。如对管线的删除、拉伸、编号的修改、拓扑关系的更改等操作。

**4. 地图制图模块**

该功能实现了对各种地图的制图、出图功能。可以添加任意需要显示的要素（如管线、检查井、下垫面类型等），可调节各要素或图层的显示方式（如颜色、图例、注记等）；同时，可添加图名、图例、比例尺等地图要素。针对管网关键节点识别后的结果可制作相应的关键节点空间分布图，以及管网改造的方案图等专题地图（图 6-23）。

**5. 数据查询模块**

该模块提供了多种数据查询方式，如空间查询、属性查询、拓扑关系查询、缓冲区查

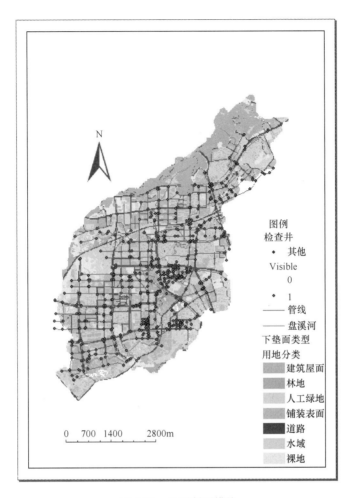

图 6-23　地图制图模块

询等。空间查询可通过画点、画线、画面来查询地图数据；属性查询可输入相应的属性（如管道编号、下垫面类型）来查询要素的空间位置或详细信息；拓扑关系查询可查询要素之间的各种关系（如包含、相离、相连等）；缓冲区查询（如图 6-24）可针对研究对象建立缓冲区并查询其区域的各类信息（图 6-24）。

**6. SWMM 模型模块**

（1）文件生成

系统提供的原始数据为 GIS 空间数据，对于模型的研究需要进行进一步的转换，完成 GIS 数据向 SWMM 的集成，在转换前则需要利用 GIS 空间计算特点，进行各参数的提取，其中包括，在进行模型转换之前，需要对模型必需的参数进行计算，包括提取不透水率、曼宁系数、贮水深度、径流宽度、汇水区坡度，如图 6-25 所示。

其中，径流宽度是用面积除以流域最远的汇流距离，如果有很多条就取平均值；汇水区平均坡度利用坡度数据，结合 GIS 空间计算特性进行提取。确保各参数准备齐全之后，即可将 GIS 空间信息概化成 SWMM 所需的模型文件，如图 6-26 所示。

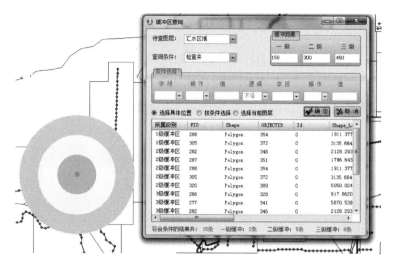

图 6-24　数据查询模块

图 6-25　文件生成相关参数

图 6-26　GIS 空间信息概化成 SWMM 所需的模型文件

（2）运行模型

对于建立好的模型，并不能直接进行分析模拟，而是通过系统进行模型的运算，以便于对管网承载能力的研究，如果已经运行过模型，也可直接将运行好的模型加入到系统中，直接对模型数据进行模拟分析。如图 6-27 所示。

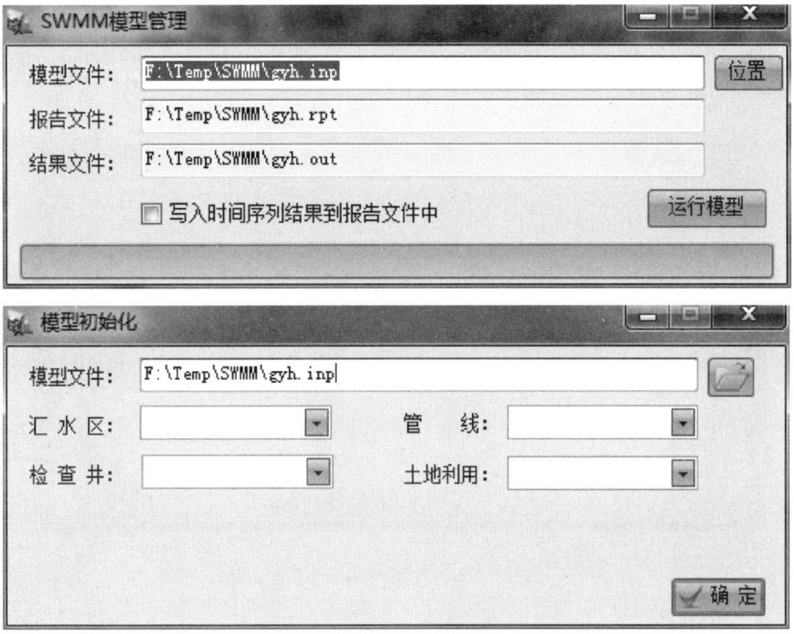

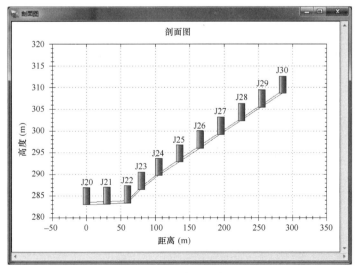

图 6-27　运行模型

（3）结果分析

对于成功运行的模型，可以随意查看某场降雨各模型对象参数变化情况（如流量、贮水深度等），以及管线与检查井坡度分面剖面（图 6-28），直观地展示二者之间的关系；

图 6-28　坡度分面剖面

此外，对于分析的结果，也可以表的形式展示，以便清楚知道管网各对象数据变化情况，为管网模拟提供辅助依据。

（4）数据管理

对于生成的模型文件，可以在脱离 GIS 数据的情况下进行自由编辑，如删除或增加降雨数据，修改编号为 S28 的汇水区不透水率等系列操作；系统还提供参数率定功能，即敏感性分析（图 6-29），通过改变检查井、管线、汇水区各参数值，找出各变量对管网模型的影响程度，如修改汇水区面积、径流宽度等变量。

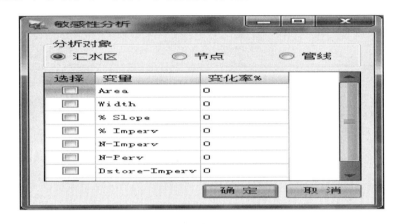

图 6-29　敏感性分析界面

（5）排水能力评估

利用系统提供功能，选取报告周期内某一时刻，读取该时刻各检查井水位高度，与管线管径进行比较，求出百分比，比率大于 100 的表示该检查井溢出（图 6-30）；或者统计报告周期内各检查井水位高度与管线管径比率之和，找出最大值所对应的报告时间，并结合地图直观显示（图 6-31），二者进行综合分析，得出管网对不同重现期降雨的承载能力，以评估管网是否需要进行改造。

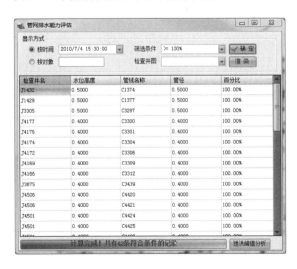

图 6-30　检查井溢出提示界面

图 6-31　排水功能评估结果

（6）关键节点改造

为了找出管网中溢出水的节点，利用节点的实时深度与连接线管径对比（即 Node 中的 Depth 与 Link 中的 Max. Depth 相除求百分比），根据结果值判断节点是否溢出，以及当前水量情况，对于识别出的节点（图 6-32），可在图层上进行渲染（图 6-33），以表达效果。

图 6-32　关键节点识别　　　　　　　　　图 6-33　关键节点渲染图

当管网出现溢水现象时，需要对其进行整改，这里提出实际管理中常用的几种改造方法，具体如下：

① 加大管径：在关键节点所在汇水区内无水域、人工绿地、天然绿地，则选用此方法。

② 增加贮水池：在关键节点所在汇水区内有水域或者有人工绿地、天然绿地，则加贮水池，将溢流水引入其中。

为了使管网正常、稳定运行，需要对当前问题管道和检查井进行改造优化，并提出相应的解决方法，这一过程共分两步完成：

① 第一步：以单场降雨时间为单位，找出这场雨中所有溢水节点，在找出的这些节点中进一步筛选下垫面类型为内部道路及硬化的地面、建筑用地和道路的节点，也就是需要改造的关键节点。

② 第二步：提出三种改造方案对关键节点实施改造。

改造结果如图 6-34 所示。

图 6-34　管网改造结果

### 6.6.5　管道日常管理及应急子系统

　　山地城市管道日常管理和应急子系统是针对管道应急和维护基于 Skyline 和 ArcGIS Server 两项技术开发的信息系统。系统主要是对管道日常维护和紧急事故处理提出专家建议方案，所以系统包括：动态浏览，信息查询，应急处理和健康度信息查看几个模块。系统以预测健康度等级对管道日常管理提出措施方案，由于实地情况和预想情况存在误差，所以在突发事故发生时由应急处理模块提出应急方案。这样可以有效提高管道的使用效率和管道突发状况的应变能力，从而达到经济效益和社会效益统一的目的，科学地为决策者提出合理的可实施方案，降低国家经济损失和社会损失，保证居民生活需求（图 6-35）。

　　**1. 三维基础工具模块**

　　包括地图浏览、图幅放大缩小、快照等功能。模块主要是可以对可视化范围进行缩放，三维视角（地面与视线倾角）进行调整，让用户多视角体验三维环境，更了解管道的埋深状况和实地周围的真实情况。

　　三维的垂直和水平测量、场景显示模式切换基本功能。垂直和水平测量是对三维空间

图 6-35　管道日常管理及应急子系统

中的模型的高度和水平长度进行量算；场景显示模式切换可以是三维显示区在地上模式和地下模式之间切换，增强地下三维的可视性。这个模块便于从发布数据中获取三维空间关系，提取三维模型长度和高度的空间信息。

**2. 信息查询模块**

对管道及周边基础设施的空间信息、属性信息进行查询。空间信息查询是以从空间位置得到地物属性信息的方式得到信息，如：在已知地物三维模型位置，得到其具体的属性信息；属性信息查询是从信息文字入手，在已知关键字的情况下得到信息列表和地物空间位置。模块实现了空间和属性数据表的互动连接，在了解地物详细信息的同时还能清楚地知道其地理位置及其周边设施信息，从空间上了解地下污水管周边环境状况和附属地物信息（图 6-36）。

图 6-36　信息查询模块

### 3. 二三一体化模块

模块是结合 ArcGIS Server 和 Skyline 技术实现二维和三维地图在空间移动时相互之间的场景带动，保证二者显示图幅范围一致。增加地图浏览方式，用户可选择自己喜欢的浏览方式，方便使用者对空间信息的解读（图 6-37）。

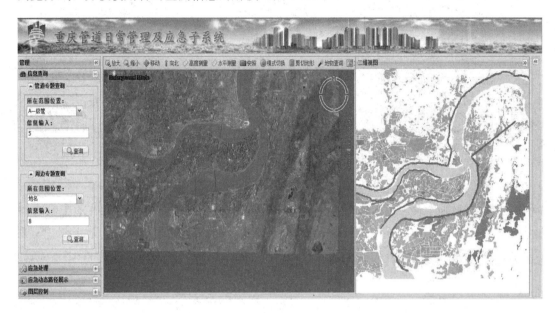

图 6-37　二三一体化模块

### 4. 预测健康度评价模块

利用管道的预测健康度评价体系，根据水力、管道结构、社会、环境四个因素数据对地下管道的健康程度作出 50 年的预测，根据预测结果对管道将要出现的问题提前提出维护方案，使管道使用寿命延长，提高经济效益，减少地下管道破裂等重大突发事件的发生机率（图 6-38）。

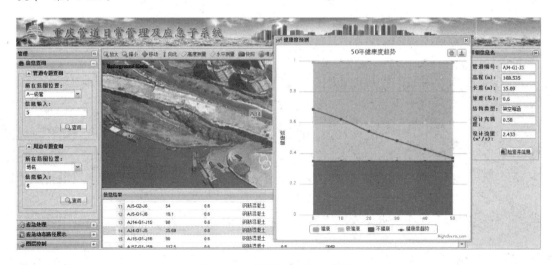

图 6-38　预测健康度评价模块

**5. 应急处理模块**

在发生意外管道破坏事故时，根据工作人员实地勘察情况，在系统中输入已发生故障地下管道编号，系统输出溢出水引流方案、引流所需泵的参数值等引流必要参数，再显示影响区域范围信息，可在三维空间中更为直观地查看应急方案并通知影响区的住户及时做好防御措施（图 6-39）。

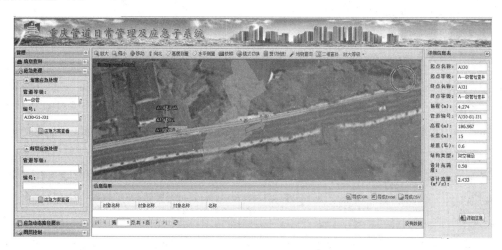

图 6-39 应急处理模块

**6. 应急方案路线模块**

选择在应急模块下产生的动态应急路径查看从应急点到事发点行进路线，动态查看环境道路周围状况，给应急人员提供导航服务，使应急措施方案有效、快捷地实施，更减少因延长时间而带来的损失（图 6-40）。

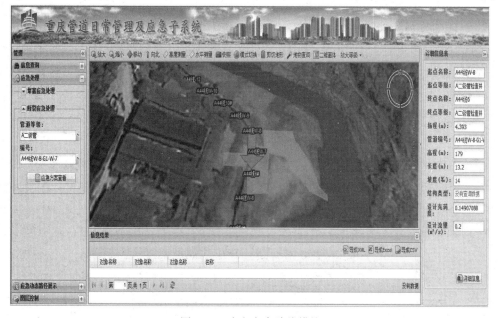

图 6-40 应急方案路线模块

# 6.7　系统运行环境设计

## 6.7.1　软件支撑环境设计

### 1. 操作系统软件

网络系统的操作系统平台可供选择的主要有 Windows NT/2000/XP 服务器、UNIX、Linux 等。UNIX 稳定可靠，适用于大型的网络应用。但 UNIX 也存在一些明显的缺点，一是用户界面不友好，这种不友好的用户界面不仅使开发人员效率降低，而且也不便于培训新用户；二是 UNIX 管理复杂，往往需要很专业的人员来进行网络和日常管理和维护；三是 UNIX 系统通常比较昂贵，性能价格比低，用户负担较重。Windows 存在一些 UNIX 系统所没有的优点：一是 Windows 实际上在桌面应用环境中占据了统治地位，这些桌面系统很容易与 Windows 服务器实现沟通；二是用户界面友好，易于使用；三是管理费用低，利用各种 GUI 工具，即使很不熟悉 Windows 服务器的人员也能够很快地学会使用系统。

在 Web 服务器方面，目前也有许多产品可供选择。在 Windows 环境下往往使用与其集成的 Internet 信息服务器（IIS）。它可以利用 Windows 服务器在 Internet/Intranet 上方便地发布信息，尤其是使用 ASP. net 技术时，采用 Windows IIS 是最好的选择。

我们推荐在系统建设初期，使用 Windows 服务器，当系统积累到后期变得相当庞大和复杂，安全性和稳定性上升为主要因素时，可以采用高性能的 UNIX 系统，如 IBM AIX。对于客户端，一般选用 Windows 2000/XP，这些 Windows 在桌面系统占有绝对的统治地位，浏览器则一般使用 Internet Explorer。

### 2. 地理信息系统软件

地理信息技术发展迅速，GIS 软件在空间数据库管理、数据接口、组件支持与开发方式、Web GIS 等方面有了较大发展，其应用规模也由部门级向企业级发展。一些 GIS 应用系统采用大型数据库系统进行数据库管理，同时有的数据库软件商还专门推出针对空间数据存贮管理的技术。GIS 软件平台选择的基本原则如下。

（1）能实现排水系统安全信息管理图文一体化

GIS 平台提供组件化的开发工具，可以与 MIS 系统紧密结合。基于数据库的 MIS 系统与 GIS 系统可以紧密结合，真正实现（不是通过两个独立的窗口互相切换）图文一体，同时可以更加灵活地实现图文互访。

（2）先进性与成熟性相结合

具有较高的先进性，符合未来发展方向与趋势，采用符合当前 GIS 发展潮流的组件技术；具有开放的开发工具；具备面向对象技术、组件化开发技术，可方便、灵活地进行二次开发；数据存储尽可能充分利用对象关系存贮方式；同时系统平台需要相对成熟和稳定可靠的平台软件；支持关系型数据库的空间数据存储，而且效率较高；可以处理大数据量的图形，运行速度符合应用需要。具有 C/S＋协同作业＋Internet 三位一体的体系结构，可实现 Internet 的应用方案。

（3）数据接口开放

可以方便地导入 AutoCAD 等其他数据格式，并保证数据的完整性。

（4）GIS 平台投资合理

具有比较合理的性能价格比。

（5）易于推广应用与维护

尽可能采用瘦客户端或具有较容易的客户端安装运行环境，比较容易的 License 管理等。

基于以上的选型原则，参考排水系统安全项目负责人对 GIS 平台的选型意见，考虑到目前 GIS 的现状和发展趋势，以及本系统所应具有的海量数据管理能力和 Web GIS 发布服务，考虑选用美国 ESRI 公司的 ArcGIS 10 系列软件作为本系统开发的地理信息系统（GIS）平台。

**3. 数据库软件**

当前的数据库系统软件中，SQL Server 和 Oracle 是应用比较广泛的，二者均可作为大型应用系统的后台数据库。SQL Server 具有性价比高、可伸缩性强、安全可靠、易操作等特点，是大多数中小规模用户的首选。

对于地理图形数据，在 SQL Server 基础上配置 ESRI ArcSDE 作为空间数据与前台应用结合的桥梁（中间件）。ESRI ArcSDE 除能够提供进一步的均衡访问机制，以提高空间数据的响应效率外，还对空间数据提出了更严格的规则要求，如值域和空间拓扑描述等，因而能够满足排水系统安全基础空间信息的要求。对个别使用其他数据库且应用比较好的，可考虑基于不同数据库的应用系统的异构集成。

**4. 系统开发工具软件**

系统采用 Visual C♯ 和 . NET 开发平台。C/S 运行模式的主要开发环境为 Visual C♯；B/S 模式采用 Visual Studio. NET 开发环境。

Visual C♯ 是 Windows 环境下最强大的 C/C♯ 开发工具，在 Visual C♯ 环境下，开发商能够充分利用 Windows 操作系统提供的开发资源，把数据库、网络通信、GIS、多媒体、OpenGL 等多种技术无缝集成到应用桌面环境，为用户提供无缝连接的应用解决方案。开发出来的系统具有稳定性好、运行效率高、简洁无冗余等许多优点，与其他开发环境相比，投入运行的系统具有更好的可维护性。

Visual Studio. NET 是微软基于全新的 . NET 架构推出的支持 Web 服务开发的软件开发编译环境，它是一套完整的开发工具，用于生成 ASP Web 应用程序、XML Web Services、桌面应用程序和移动应用程序。Visual Basic. NET、Visual C♯. NET 全都使用相同的集成开发环境（IDE），该环境允许它们共享工具并有助于创建混合语言解决方案。另外，这些语言利用了 . NET 框架的功能，此框架提供对简化 ASP Web 应用程序和 Web Services 开发的关键技术的访问。

## 6.7.2 硬件运行环境设计

硬件运行环境分内部网和广域外网两大部分，包括计算机及外设、网络系统、中央机房、存储设备、SAN 存储设计等几个方面的主要内容，硬件运行环境的总体结构参见图 6-41。系统的内部网同广域外网之间采用物理隔离方式进行建设，二者要求做到分隔合理、安全可靠、资源共享、便于管理。

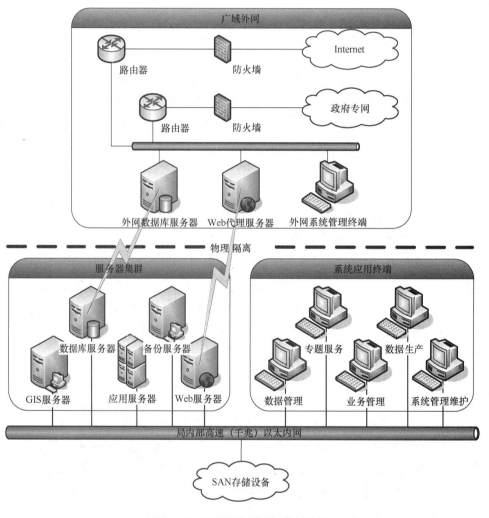

图 6-41 系统硬件网络环境结构图

### 1. 服务器集群

根据实际情况我们不可能将每种服务都采用一台单独的服务器来完成，这样系统的造价将相当高；但如果将所有的服务放在一台服务器上，系统也无法承受；还要考虑到系统的安全问题，因此系统的服务器必然由多台服务器主机设备组成，构成一个服务器集群系统。

服务器集群系统是整个计算机通信网络系统的核心，要求它具备高可靠性、安全性及容错能力，整个服务器集群系统包括数据服务器、WEB 服务器和 GIS 应用服务器。

（1）数据服务器

将文件服务和数据库管理系统放在同一台机器上，作为整个系统的数据服务器，数据库服务器是服务器集群中的核心，它是系统最为关键的应用，存储最为重要的数据，为系统日常运行及决策提供综合信息服务和数据服务。数据库服务器要有强大的 CPU 和 I/0 处理能力、足够的内外存储容量和高可靠性能；数据库服务器应代表当代计算机技术的较高水平，并具有长远的生命周期和易扩充性，能适应现在及未来需要，并且具有最佳性能价格比。

该服务器建议采用高性能的 RISC 服务器。为了数据的绝对安全，系统的备份服务器也建议采用高性能的 RISC 服务器。建议配置为：内存 4GB，硬盘 6×80G（磁盘阵列或热插拔硬盘）、双 CPU，1000/100Mbps 网卡以上的 RISC 服务器，两台服务器之间形成双机热备份。

（2）Web 服务器

将网络服务、门户管理服务、安全认证服务、Web 服务放在另一台服务器上，作为整个局域网的主域控制和 Web 服务器。服务器也采用相同的型号，随着高档 PC 服务器的性能迅速提高，价格不断下降，PC 机作为服务器正广泛应用于局域网。高档 PC 的性能已能与 RISC 服务器相匹敌，而价格要低得多。建议配置为内存 2GB 以上、硬盘 540G、双 CPU 的高档 Intel PC 服务器。

（3）GIS 应用服务器

GIS 应用服务器在整个系统建设中处于一个重要地位。由于大量空间数据的处理需要耗费很大的计算资源，因此对 GIS 应用服务器要求很高，其可靠性、可用性、可维护性自然也就成为关注焦点，在选型上一定要考虑服务器的 RAS 特性。其中，R（reliability）表示高可靠性；A（Availability）表示高可用性；S（Serviceability）表示可维护性。一般用 MTBF 指标（平均无故障时间）来衡量服务器的高可靠性，MTBF 值越大表示系统的可靠性越高。

鉴于上述的系统要求，考虑到安全的因素，以及与数据库连接的稳定性，建议应用服务器采用小型机服务器或者高档的 PC 服务器。

**2. 系统应用终端**

（1）图形工作站

工作站的概念，本来是从以 UNIX 为基础的计算机领域引进来的，其主要特点仍然是一个供个人使用的机器，但是可以提供类似于服务器或小型机的计算及处理性能，在图形图像处理和科学计算领域应用最广。由于基础 GIS 数据更新维护涉及大量的图形处理和统计运算，所以采用 C/S 部署的客户端需要采用较高性能的微机工作站来满足这一要求。

（2）一般微机

一般微机主要主要用来作录入、查询和处理信息使用，对业务办公、政务办公、系统维护等业务应用，即采用 B/S 模式部署的客户端，目前的商用微机均可满足要求，建议配置为内存 512MB/1GB、硬盘 60G。鉴于信息系统投入运行后，一般微机将作为办公工具放在业务人员案头上，因此应尽量追求其使用的舒适性，以及对人体健康的保护，建议一般微机的屏幕应使用 15" 以上的液晶显示屏（LCD）。

为了减少病毒入侵，尽量减少数据外泄的机会，顾及目前微机中软盘驱动器已经很少使用的事实，可以考虑配备到科室中使用的微机不再配备光盘驱动器和软盘驱动器。

### 3. 网络系统配置

（1）内部局域网

局内部局域网要求主干网络带宽为 1000Mbps，采用主干光纤交换机设备，桌面网络带宽不小于 100Mbps，确保局内部局域网所连接的硬件设备高速互通互联，不因网络流量问题导致系统响应速度变慢。

（2）网络交换机

网络系统的主干交换机采用千兆光纤交换机，为满足数据传输的高速要求，服务器集群接入主干交换机。系统采用的其他核心交换机性能可略低于主干交换机性能要求，但必须提供千兆带宽及高端口密度接入的要求。

（3）硬件防火墙

随着网络特别是 Internet/Intranet 技术的发展，内、外网之间的界限也越来越模糊，内部网的安全正受到来自外界日益严重的威胁。为此，建议使用专用的硬件防火墙设备对外网予以物理隔离。

### 4. 其他外设

（1）不间断电源

电源设备是确保网络正常运行最基础的设施，除了保证充足供电用量外，还必须使用不间断电源（UPS）设备来确保网络供电不中断。目前，多家公司都能够提供高性能的电源保护的智能电池管理解决方案。智能电池管理提高了可靠性，也延长了电池寿命。

UPS 主要用于网络服务器的电源保护。对于机房装备的服务器和微机，我们推荐使用的 UPS 功率应不低于 3000VA，断电保护时间不少于 2h，以保证服务器在供电系统出现故障时能够正常工作。有些 UPS 厂商还随硬件配备相应的电源管理软件，使用电源管理软件能增强网络和网络服务器的可靠性和可管理性。它通过自动响应功能，显著增强网络的可靠性，并在发生电源故障时保护系统/数据的完整性。

（2）数据备份设备

数据备份能够保证数据不丢失，是一项重要的工作。可采用多种方式进行数据备份，如：外部硬盘（移动硬盘）、光盘刻录机（CD-RW）、磁带机等作为数据备份设备。

（3）数据输出设备

绘图仪是在出图时使用的设备，打印速度和幅面是绘图仪的主要技术指标，目前在测绘行业，比较常用的是惠普品牌的各类高分辨率的大幅面彩色绘图仪，要求幅面至少达到 A0 以上。

# 参 考 文 献

[1] 陈能志，林阒，汪裕丰．福州市中心城区内涝治理研究[J]．中国水利，2008(9)：40-42．

[2] 张友谊，胡卸文，朱海勇．滑坡与降雨关系研究展望[J]．自然灾害学报，2007，16(1)：104-108．

[3] 张珍，李世海，马力．重庆地区滑坡与降雨关系的概率分析[J]．岩石力学与工程学报，2005，24(17)：3185-3191．

[4] 巴金，等．重庆地区近10年酸雨时空分布和季节变化特征分析[J]．气象，2008，34(9)：81-88．

[5] 李杰，陈建兵．随机动力系统中的广义密度演化方程[J]．自然科学进展，2006，16(6)：712-719．

[6] 范文亮，李杰．广义密度演化方程的δ函数序列解法[J]．力学学报，2009，41(3)：398-409．

[7] 许强，汤明高，徐开祥，等．滑坡时空演化规律及预警预报研究[J]．岩石力学与工程学报，2008，27(6)：1104-1112．

[8] 许强，黄润秋，李秀珍．滑坡时间预测预报研究进展[J]．地球科学进展，2004，19(3)：478-483．

[9] 文海家，张家兰，张永兴．万州城区吴家湾滑坡灾变的神经网络识别[J]．重庆大学学报(自然科学版)，2005(12)：108-111．

[10] 戴自航．抗滑桩滑坡推力和桩前滑体抗力分布规律的研究[J]．岩石力学与工程学报，2004，21(4)：517-521．

[11] 沈强，陈从新，汪稔，等．边坡抗滑桩加固效果监测分析[J]．岩石力学与工程学报，2005，24(6)：934-938．

[12] 李文广，张修成，刘国彬，等．基于监测数据的围护墙弯矩反分析研究[J]．山东理工大学学报(自然科学版)，2006，20(3)：31-34．

[13] 郭金琼，房贞政，郑振．箱形梁设计理论[M]．北京：人民交通出版社，2008．

[14] 何辉，杨志刚，王国涛．长距离输水中混凝土箱涵开裂过程分析[J]．海河水利，2006(2)：63-66．

[15] 张士铎，邓小华，王文州．箱形薄壁梁剪力滞效应[M]．北京：人民交通出版社，1998．

[16] 罗旗帜，吴幼明．薄壁箱梁剪力滞理论的评述和展望[J]．佛山科学技术学院学报(自然科学版)，2001，19(3)：29-35．

[17] 周世军．箱梁的剪力滞效应分析[J]．工程力学，2008，25(2)：204-208．

[18] 曹国辉，方志．钢筋混凝土连续宽箱梁受力性能试验[J]．中国公路学报，2006，19(5)：46-52．

[19] 祝明桥，方志，胡秀兰，徐昌慧．体外预应力高强混凝土薄壁箱梁试验研究[J]．中国公路学报，2004，17(3)：25-30．

[20] 牛斌，杨梦蛟，马林．预应力混凝土宽箱梁剪力滞效应试验研究[J]．中国铁路科学，2004，25(2)：25-30．

[21] 刘光伟．小跨高比剪力墙洞口连梁抗震性能试验研究[D]．重庆：重庆大学，2006．

[22] 公路钢筋混凝土及预应力混凝土桥涵设计规范 JTG D 62—2004[S]．北京：中国铁道出版社，2004．

[23] 混凝土结构设计规范 GB 50010—2002[S]．北京：中国建筑工业出版社，2002．

[24] 戴自航. 抗滑桩滑坡推力和桩前滑体抗力分布规律的研究[J]. 岩石力学与工程学报, 2004, 21 (4): 517-521.

[25] 蒋庭, 赵成林. ZigBee 紫蜂技术及其应用[M]. 北京: 北京邮电大学出版社, 2006: 203-217.

[26] 姚春. ZigBee 在大数量节点应用中的问题研究[J]. 微计算机信息, 2009, 25(1-2): 3-5.

[27] 王福豹, 史龙, 任丰原. 无线传感器网络中的自身定位系统和算法[J]. 软件学报, 2005, 16(5): 857-868.

[28] 徐宝成. 有毒有害气体在线监测系统研究与应用[J]. 化学工程师, 2005, 120(9): 19-21.

[29] 杨铸, 谢增信. 多种有毒易燃气体并存的预警监测监控系统[J]. 中国安全科学学报, 2000, 10 (4): 73-77.

[30] 刘武艺. 城市水生态雨洪利用模式研究[D]. 武汉: 武汉大学, 2005.

[31] 李蝶娟, 刘俊. 城市化对雨洪情势变化影响的初步分析[C]//全国水文计算进展和展望学术讨论会论文选集. 南京: 河海大学出版社, 1998: 392-398.

[32] 张明泉, 张曼志, 张鑫, 等. 济南"2007·7·18"暴雨洪水分析[J]. 防汛与抗旱, 2009(17): 40-44.

[33] 陈守姗. 城市化地区雨洪模拟及雨洪资源化利用研究[D]. 南京: 河海大学, 2007.

[34] 冉茂玉. 论城市化的水文效应[J]. 四川师范大学学报, 2000, 23(4): 436-439.

[35] 包亮, 王里奥, 等. 基于 GPRS 的市政下水道气体安全监测预警系统[J]. 中国给水排水, 2009, 25(15): 39-42.

[36] 马凤莲. 承德市城市化对降水变化的可能性分析[J]. 四川师范大学学报, 2010, 33(2): 251-256.

[37] 李娜, 许有鹏, 陈爽. 苏州城市化进程对降雨特征影响分析[J]. 长江流域资源与环境, 2006, 15 (3): 335-339.

[38] 张艳杰. 城市道路与雨水利用[J]. 水利科技与经济, 2005, 11(12): 741-744.

[39] 姚月伟, 叶勇. 城市化进程与城市防洪问题简析[J]. 中国防汛抗旱, 2010(4): 20-36.

[40] 郭雪梅. 我国城市内涝灾害的影响因子及气象服务对策[J]. 灾害学, 2008, 23(2): 46-49.

[41] 中华人民共和国中央人民政府门户网. 上海百年一遇强暴雨致中心城区 150 多条马路积水[EB/OL]. 2008-08-25 http://www.gov.cn/jrzg/2008-08/25/content_1078983.htm.

[42] 司国良, 黄翔. 沿江城市内涝灾害的反思和对策[J]. 防汛与抗旱, 2009(19): 39-40.

[43] 海玮. 南方多地洪灾城市内涝频发[J]. 城乡建设, 2010(7): 17-17.

[44] 周玉文, 余永琦, 李阳. 城市雨水管网系统地面径流损失规律研究[J]. 沈阳建筑工程学院学报, 1995, 11(2): 133-137.

[45] 王紫雯. 城市水涝灾害的生态机理分析和思考[J]. 浙江大学学报(工学版), 2002, 36(5): 582-587.

[46] 张璇, 王健. 城市雨洪控制与利用[J]. 农业与技术, 2010, 30(1): 26-32.

[47] 赵廷红, 牛争鸣. 实现城市雨水资源化的基本途径[J]. 中国给水排水, 2001, 17(1): 56-58.

[48] 车武, 王建龙. 城市雨洪控制利用理论与实践[J]. 建设科技, 2007(21): 30-31.

[49] 刘应宗, 李明. 城市排水规划中雨水资源化问题探讨[J]. 中国给水排水, 2003, 12(1): 97-98.

[50] 李迪华, 张坤. 低影响发展模式——可持续城市规划, 景观设计与市政工程途径[J]. 江苏城市规划, 2009, 25(24): 5-10.

[51] 喻啸. 绿地雨洪利用水量水质问题研究[D]. 北京: 清华大学, 2004.

[52] 张书函，丁跃元．德国的雨水收集利用与调控技术[J]．北京水利，2002，3(1)：26-32.

[53] 全新峰，张克峰．国内外城市雨水利用现状及趋势[J]．能源与环境，2006(1)：19-21.

[54] 车伍，马震．针对城市雨洪控制利用的不同目标合理设计调蓄设施[J]．中国给水排水，2009，25(24)：5-10.

[55] 吴海瑾，翟国方．我国城市雨洪管理及资源化利用研究[J]．现代城市研究，2012(1)：23-27.

[56] 陈东华．城市雨洪管理[J]．环境科学与技术，2009，32(6)：521-523.

[57] 屈丽琴，雷廷武，赵军，等．室内小流域降雨产流过程试验[J]．农业工程学报，2008，24(12)：25-29.

[58] 王长林，程玉梁．浅谈排水管道的清淤问题[J]．化工之友，2006(7).

[59] 刘丽萍，白春燕．试谈排水管道的清淤问题[J]．黑龙江科技信息，2002(5).

[60] 李俊．城市排水管道的清淤问题[J]．黑龙江水利科技，2004(1).

[61] 孙勇，杨向东，等．排水管道清淤方法及开发新设备的构想[J]．给水排水，1996，8(22)：52-54.

[62] 王健，刘嘉，宋鸽．城市排水管道沉积物新型清除方法[J]．给水排水，2009(6)：46-48.

[63] 吴莹．搅拌槽内流动结构的 PIV 研究[D]．北京：北京化工大学，2007.

[64] 盛森芝．近十年来流体测量的技术新发展[J]．力学与实践，2002，4(5)：1-13.

[65] 谭琼，李田．排水系统模型在城市雨水水量管理中的应用研究[D]．上海：同济大学，2007.

[66] 李茂英，李海燕．城市排水管道中沉积物及其污染研究进展[J]．给水排水，2008，34：88-89.

[67] 汪常青．武汉市城市排水体制探讨[J]．中国给水排水，2006，22(8)：12-15.

[68] 唐龙．咸阳市排水体制的探讨[J]．西北水力发电，2006，22(1)：193-194.

[69] 中华人民共和国国家统计局．中国统计年鉴 2010 [M]．北京：中国统计出版社，2010.

[70] 李茂英．城市排水管道沉积物沉积状况及赋存污染物特性研究[D]．北京：北京建筑工程学院，2008.

[71] 李莉．城市排水管道系统规划设计的研究[D]．重庆：重庆大学，2004.

[72] 杨丽华．城市排水体制中存在的问题及对策[J]．山西建筑，2003，29(16)：68-69.

[73] 林家森．大城市老城区排水体制调查研究及改造对策[J]．中国市政工程，2005(2)：43-45.

[74] 王晓霞，徐宗学．城市雨洪模拟模型的研究发展[C]//中国水利学会 2008 学术年会论文集(下册)．海口，2008.

[75] 胡伟贤，何文华，黄国如，等．城市雨洪模拟计算研究进展[J]．水科学进展，2010，21(1)：137-144.

[76] 刘俊，郭亮辉，张建涛，等．基于 SWMM 模拟上海市区排水及地面淹水过程[J]．中国给水排水，2006，22 (21)：64-70.

[77] 陈利群．SWMM 在城镇排水规划设计中适用性研究[J]．给水排水，2010，5(36)：114-117.

[78] 任伯帜，邓仁建．城市地表雨水汇流特性及计算方法分析[J]．中国给水排水，2006，22(14)：39-42.

[79] 周玉文，翁窈瑶，汪明明．雨水管渠设计参数折减系数 $m$ 的理论研究[J]．北京工业大学学报，2011，37(9)：1330-1337.

[80] 刘兴波，刘遂庆，李树平，等．镇江市主城区排水管网计算机建模方法[J]．中国给水排水，2007，23(11)：42-46.

[81] 周玉文，翁窈瑶，汪明明．流量折减系数对雨水系统设计标准的影响[J]．同济大学学报(自然科学

版），2011，39(10)：1506-1509.

[82] 车伍，唐宁远，张炜，等．我国城市降雨特点与雨水利用[J].给水排水，2007，33(6)：45-48.

[83] 宁静．上海市降雨特性统计与雨水存储池容积计算[J].中国给水排水，2006(4)：48-51.

[84] 徐永利．城市洪水灾害积水仿真模型及预案库建设研究[D].济南：山东大学，2011

[85] 李立军．城市雨水管网系统优化设计研究[D].长沙：湖南大学，2003.

[86] 唐宁远，车伍，潘国庆．城市雨洪控制利用的雨水径流系数分析[J].中国给水排水，2009(22)：4-8.

[87] 董欣，陈吉宁，赵冬泉．SWMM 模型在城市排水系统规划中的应用[J].给水排水，2006，32 (5)：106-109.

[88] 岑国平，范荣生，等．城市地面产流的实验研究[J].水力学报，1997，10(10)：47-52.

[89] 岑国平，詹道江．城市雨水管道计算模型[J].中国给水排水，1993，9 (1)：37-40.

[90] 岑国平，沈晋，范荣生．城市设计暴雨雨型研究[J].水科学进展，1998，3(9)：41-46.

[91] 晋华，孙西欢，李仰斌．SCS 模型在岚河流域的应用研究[J].太原理工大学学报，2003，3 (6)：735-736.

[92] 任伯织．城市设计暴雨及雨水径流计算模型研究[D].重庆：重庆大学，2004.

[93] 仇劲卫，李娜，程晓陶，等．天津城区暴雨沥涝仿真模拟系统[J].水利学报，2000(11)：34-42.

[94] 张新华，隆文非，谢和平，等．二维浅水波模型在洪水淹没过程中的模拟研究[J].四川大学学报（工程科学版），2006，38(1)：20-25.

[95] 张文华，郭生练．流域降雨径流理论与方法[M].武汉：湖北科学技术出版社，2007.

[96] 夏军．水文非线性系统理论与方法[M].武汉：武汉大学出版社，2002.

[97] 北京市市政设计院．城市雨水沟管空隙容量的利用[J].土木工程学报，1982，15(1)：91-101.

[98] 罗荣祥，刘启明．山地城市道路雨水口布设探讨[J].市政技术，2007(6)：25-31.

[99] 张思聪，惠士博，谢森传，等．北京市雨水利用[J].北京水利，2003(4)：20-22.

[100] Chebbo G.，Bachoc A.，Laplace D.，LeGuennec B. The Transfer of Solids in Combined Sewer Networks [J]. Water Science and Technology，1995(3)：89-93.

[101] Kuzmanovic B. O.，Graham H. J. Shear Lag in Box Girders [J]. J Struct Div，ASCE，1981，107(9)：1701-1712.

[102] Foutch D. A.，Chang P. C. A Shear Lag Anomaly [J]. J Struct Engrg，ASCE，1982，108(7)：1653-1658.

[103] Alghamdi S. A. Static and Modal Analysis of Thin-Walled Box Girder Structures[J]. AIAA Journal，2001，39(7)：1406-1410.

[104] Erkmen R. E.，Mohareb M. Torsion Analysis of Thin-Walled Beams Including Shear Deformation Effects[J]. Thin-Walled Structures，2006(44)：1096-1108.

[105] Lul Q. Z.，Li Q. S.，Shear Lag of Thin-Walled Curved Girder Bridges[J]. Engineering Mechanics(ASCE)，2000，126 (10)：1111-1114.

[106] Polemio M.，Sdao F. The Role of Rainfall in the Landslide Hazard：The Case of the Avigliano Urban Area [J]. Engineering Geology，1999(53)：297-309.

[107] Dai F. C.，Lee C. F. Frequency-Volume Relation and Prediction of Rainfall-Induced Landslides [J]. Engineering Geology，2001(59)：253-266.

[108]  Zhang G. R., Yin K. L., Chen L. X., et al. Geological Condition and Weather Couple Model of Landslide Hazard Forecast[J]. Water Resources and Hydropower Engineering, 2005, 36 (3): 15-18.

[109]  San-Shyan Lin, Jen-Cheng Liao. Lateral Response Evaluation of Single Piles Using Inclinometer Data[J]. Journal of Geotechnical and Geoenviromental Engineering, 2006, 132(12): 1566-1573.

[110]  Ooi P. S. K., Ramsey T. L. Curvature and Bending Moment from Inclinometer Data[J]. International of Geomechines, 2003, 3(1): 64-74.

[111]  Abbas Taheri, Kazuo Tani. Assessment of the Stability of Rock Slopes by the Slope Stability Rating Classification System[J]. Rock Mechanics and Rock Engineering, 2010, 43(3): 169-171.

[112]  Liu Wen wei, Song Ying chun, Zhu Jian jun, Tang Jing tian. Mathematical Model Research on Landslide Monitoring through GPS[J]. Journal of Central South University of Technology, 2006, 13(4): 456-460.

[113]  Luo Q. Z., Wu Y. M., Tang J., et al. Experimental Studies on Shear Lag of Box Girders[J]. Engineering Structures, 2002, 24(4): 469-477.

[114]  Galal K., Yang Qing. Experimental and Analytical Behavior of Haunched Thin-Walled RC Girders and Box Girders[J]. Thin-Walled Structures, 2009, 47(2): 202-218.

[115]  Yang Chun, Cai Jian. Experimental Study on Box Shape Steel Reinforced Concrete Beam[J]. Journal of Southeast University, 2005, 19(2): 25-36.

[116]  Shao Guang, Hou Jialin, Wu Wenfeng. Design and Implementation of Non-Magnetic Heat Meter Based on ZigBee Automatic Meter Reading[J]. Journal of Electronic Measurement and Instrument, 2009, 23(8): 95-98.

[117]  Li-Hsing Yen, Wei-Ting Tsai. Flexible Address Configurations for Tree-Based ZigBee/IEEE 802. 15. 4 Wireless Networks[C]. 22nd International Conference on Advanced Information Networking and Applications, Okinawa, Japan, March, 2008: 395-402.

[118]  Yao Chun. The Research on ZigBee Problems of Application with a Mass of Nodes[J]. Control and Automation Publications Group, 2009, 25(1-2): 3-5.

[119]  G. Ding, Z. Sahinoglu, P. Orlik, et al. Tree-Based Data Broadcast in IEEE 802. 15. 4 and ZigBee Networks [J]. IEEE Transactions on Mobile Computing, 2006, 5(11): 1561-1574.

[120]  J. Niculescu D., Nath B. Adhoc Positioning System (APS) Using AOA [C]//Proceedings of the 22nd Annual Joint Conference of the IEEE Computer and Communications, March 30-April 3, 2003, Anchorage, AK, US.: IEEE Press, 2003: 1734-1743.

[121]  Chong L., Zhuang W. Hybrid TDOA / AOA Mobile User Location for Wideband COMA Cellular Systems [J]. Communications, 2006, 31(1): 439-447.

[122]  Cheung K. W., So H. C., Ma W. K., et al. Least Squares Glgorithms for Time-of-Arrival-Based Mobile Location[J]. IEEE Transactions on Signal Processing, 2004, 52(4): 1121-1128.

[123]  World Meteorological Organization. Urban Flood Risk Management: A Tool for Integrated Flood Management [EB].

[124]  R. S. Quan, M. Liu, M. Lu, et. Waterlogging risk assessment based on land use/cover change: a cae sstudy in Pudong New Area, Shanghai [J]. Environ Earth Sci, 2010 (61):

1113-1121.

[125] U. S. Green Building Council. Green Building Rating System LEED for Retail-New Construction and Major Renovations [EB/OL].

[126] G. F. Zhai, T. Fukuzono, S. Ikeda. Modeling flood damage: Case of Tokai flood, 2000 [J]. Journal of the American Water Resources Association, 2005, 41(2): 77-92.

[127] G. F. Zhai, T. Suzuki. Public. Willingness to pay for environmental management, risk reduction and economic development: Evidence from Tianjin, China [J]. China Economic Review, 2008, 19(4): 551-566.

[128] G. Chebbo, M. C. Gromaire. The experimental urban catchment'LeMarais'in Paris: what lessons can be learned from it[J]. Journal of Hydrology, 2004, 299: 312-323.

[129] Robert Banasiak, Ronny Verhoeven, Renaat De Sutter, Simon Tait. The erosion behaviour of biologically active sewer sediment deposits: Observations from a laboratory study[J]. Water Research. 2005, (39): 5221-5231.

[130] Ashley R. M. , Fraser A. , Burrows R. , Blanksby J. The management of sediment in combined sewers[J]. Urban Water, 2010, 2: 263-275.

[131] Gasperi J. , Gromaire M. C. , Kafi M. , Moilleron R. , Chebbo G. Contributions of Wastewater, Runoff and Sewer Deposit Erosion to Wet Weather Pollutant Loads in Combined Sewer Systems [J]. Water Research, 2010(44): 5875-5886.

[132] Patrizia P. , Marco C. , Giovanni T. Assessing Settleability of Dry and Wet-Weather Flows in an Urban Area Serviced by Combined Sewers[J]. Water, Air, and Soil Pollution, 2011, 214(3): 107-117.

[133] Petrillo A. M. The Ins and Outs of Drain & Sewer Cleaning [J]. Reeves Journal: Plumbing, Heating, Cooling, 2004, 84(8): 40-46.

[134] Fan C. Y. , Field R. , Lai F. Sewer Sediment Control: Overview of an Environmental Protection Agency Wet-Weather Flow Research Program[J]. Journal of Hydraulic Engineering, 2003, 129 (4): 253-259.

[135] Bruen M. , Yang J. Combined Hydraulic and Black-Box Models for Flood Forecasting in Urban Drainage Systems [J]. Journal of Hydrologic Engineering, 2006, 11 (6) : 589-596.

[136] Koudelak P. , Wese S. Sewerage Network Modeling in Latvia, Use of Info Works CS and Storm Water Management Model 5 in Liepaja City[J]. Water and Environment Journal, 2008, 22 (2) : 81-87.

[137] Devesa F. , Comas J. , Turon C. , et al. Scenario Analysis for the Role of Sanitation Infrastructures In Integrated Urban Wastewater Management[J]. Environmental Modelling and Sofeware, 2009, 24 (3) : 371-380.

[138] A. Dinkelacker. Cleaning of Sewer [J]. Water Science Technology, 1992, 8(25): 37-46.

[139] Christopher Z. Review of Urban Storm Watermodels[J]. Environmental Modeling & Software, 2001, 16: 195-231.

[140] Tsihrintzis V. A. , Hamid R. Runoff Quality Prediction from Small Urban Catchments Using SWMM [J]. Hydrological Processes, 1998, 12 (2) : 311-329.

[141] Scott A. Lowe. Sanitary Sewer Design Using EPA Storm Water Management Model (SWMM)

[J]. Hydrological Processes, 2006, 12(22): 203-212.

[142] Mark O., Weesakul S., AP Irumanekul C., et al. Potential and Limitations of 1D Modeling of Urban Flooding[J]. Journal of Hydrology, 2004, 299 (3/4): 284-299.

[143] Schmitttg, Thomasm Ettr Ich N. Analysis and Modeling of Flooding in Urban Drainage Systems [J]. Journal of Hydrology, 2004, 299 (3/4): 300-311.

[144] Mignot E., Paquier A., Haider S. Modeling Floods in a Dense Urban Area Using 2D Shallow Water Equations[J]. Journal of Hydrology, 2006, 327 (1/2): 186-199.

[145] Hong Lin, Li Minggang. Hydrological Processes of Storm Runoff from Catchments of Different Land Uses [J]. Wuhan University Journal of Natural Sciences, 2007(2): 54-60.